乌 杰
系统科学文集

第 五 卷
整体管理论

乌 杰 著

人民出版社

目　录

前　言 ……………………………………………………………… 001

第一章　整体管理概论 …………………………………………… 001

　第一节　整体管理引言 ………………………………………… 001

　　一、管理一般与整体管理 …………………………………… 001

　　二、整体管理思想的历史发展 ……………………………… 006

　　三、整体管理的实践要求 …………………………………… 014

　第二节　整体管理的理论基础 ………………………………… 028

　　一、社会经济是一个系统整体 ……………………………… 028

　　二、整体管理是社会主义的本质要求 ……………………… 031

　　三、整体管理出整体效益 …………………………………… 038

　　四、整体管理与乘数——加速原理 ………………………… 041

　第三节　整体管理在公有制中的决定意义 …………………… 045

　　一、整体管理是公有制主体的基本职能 …………………… 046

　　二、整体管理与综合平衡 …………………………………… 049

　　三、整体管理与社会资源优化配置 ………………………… 051

第二章　整体管理的系统结构 …………………………………… 053

　第一节　宏观管理 ……………………………………………… 054

　　一、产业政策管理 …………………………………………… 055

　　二、财政政策管理 …………………………………………… 070

　　三、货币政策管理 …………………………………………… 081

四、宏观经济模型 ……………………………………… 085

五、计划管理 …………………………………………… 092

第二节 中观管理 ………………………………………… 094

一、市场管理 …………………………………………… 095

二、行业管理 …………………………………………… 099

三、调度管理 …………………………………………… 102

第三节 微观管理——生产力要素流动管理 …………… 106

一、生产力是一个系统整体 ………………………… 107

二、生产力结构是分层次的 ………………………… 107

三、生产力要素的流动管理 ………………………… 108

第四节 所有制管理 ……………………………………… 110

一、所有制系统管理 ………………………………… 111

二、全民所有制分权管理 …………………………… 112

三、集体所有制分层管理 …………………………… 116

四、所有制中的股份制 ……………………………… 117

第三章 整体管理的基本规律 ……………………………… 120

第一节 基本经济规律 …………………………………… 120

一、整体管理目的的本质内涵 ……………………… 120

二、整体管理基本规律 ……………………………… 124

三、整体管理与社会主义生产目的 ………………… 128

第二节 协调放大发展规律 ……………………………… 131

一、协调放大发展规律的基本内涵 ………………… 131

二、协调放大发展规律的普遍性 …………………… 134

三、协调放大发展规律强调的几个问题 …………… 138

第三节 整体效益规律 …………………………………… 143

一、整体效益规律的基本含义 ……………………… 144

二、整体效益规律是人们从事经济活动的基本准则 ………… 147

三、整体效益规律的现实意义 ················· 148

第四章 整体管理的动力系统 ················· 150

第一节 劳动力 ································· 150

一、人对自然的受动性和能动性 ············· 151

二、人的需要是社会系统的动力源 ··········· 154

三、激励——调动人的积极性 ··············· 158

第二节 生产力 ······························· 164

第三节 社会发展力 ··························· 165

第四节 劳动力——生产力——社会发展力 ····· 168

第五章 整体决策 ··························· 171

第一节 整体决策的基本内容 ················· 171

一、决策概念 ····························· 171

二、决策简史 ····························· 173

三、整体决策概念 ························· 176

第二节 整体决策体制与程序 ················· 178

一、决策体制框架 ························· 179

二、决策程序 ····························· 184

三、决策者的素质 ························· 188

第三节 整体决策的必要性 ··················· 190

一、整体决策的重要性 ····················· 190

二、整体决策的思维方法 ··················· 196

三、整体决策方法论 ······················· 200

前　言

　　中国正冲出常态,迅猛地奔向温饱、小康和巨变的未来。旧的冷战时代形成的两极世界已成为历史,新的格局正在孕育,一个沉睡多年的雄狮——华夏,如何以超常的速度跻入现代文明国家之列? 为了不被开除球籍,为了不被支离侵占,积 40 多年经济建设的经验与教训,提高经济运行中的整体效益已成为最重大的课题。我一直,一直在思考这个问题……

　　1980—1982 年,我在美国进修管理科学和企业管理,除了学习教授的课程外,还阅读了许多中外文资料。回国前,在一家美国公司里实习了四个月,对私有制大企业的管理方式有了较深刻的体验。在学习和考察美国私有制企业管理的同时,我开始探讨科学管理对公有制经济的作用。1983 年,改革的潮流把我推上了领导岗位,一直分管工业经济、交通市政等方面的工作。实践是我最好的老师。我的思考与研究能及时地在实际工作中,得到检验和校正,进而再思考,再实践……,逐步形成了一个思路。1990 年,我在中央党校高级进修班,通过深入的研究思考,形成了 7 万字的研究大纲,并以此为题,应邀在党校做了几次报告,得到了同学们和老师的理解与赞同。在此基础上,一年多来,又进一步进行了充实和修改,形成了奉献给读者的这本《整体管理论》。

　　本书是《系统辩证论》的姊妹篇,是建立在马克思主义系统思想基础上的宏观经济管理学,或像某些人称之为的"政府经济学"。全书共分五章:第一章为整体管理概论,阐述整体管理的渊源、理论基础及其在社会主义经济中的作用;第二章为整体管理的系统结构,分为宏观、中观、微观和超级管理,回答市场体系与计划管理内在结构的统一性,提出市场与计划都是覆盖全社会的,都是商品经济的手段,它们的本质可以表征为结构,因此,这一章也可称为结构管理论;第三章为整体管理的基本规律,它提出了社会主义经济的基本经济规律,如整体管理规律、协调放大规律、整体效益规律或者优化放大规律等一系列公有制的本质特征,因此,也可称为整体效益论;第四章为整体管理的动力系统论,回答了动力系统的结构;第五章为整体管理的决策系统和方法论,即马克思主义系统思想的方法论。

1990 年 12 月 31 日,《人民日报》发表了钱学森同志的文章——《要从整体上考虑并解决问题》,他指出:"毛泽东思想的核心部分就是从整体上来认识问题。"我十分赞同钱老的观点。我认为从提高整体效益出发,用综合——分析——综合的方法,协调整体与局部,通过结构优化实现"1+2>3"的思想,这正是中华民族传统的整体思维方式的继承和发展。我国经济工作中存在的一些根本问题长期得不到解决,主要是缺乏这种指导思想和相应的整体管理方法。这是当代社会主义国家应该解决,但还尚未解决好的一个根本问题。这个问题能否解决好,关系到社会主义的整体大业。

我希望《整体管理论》的问世,能促使对这个问题的探讨与解决。当然这只是宏观经济系统方面的管理,还应有党政系统,科技文教等系统方面的科学管理,即社会系统的整体管理,这样就比较全面了,这些方面还需要做进一步的研究与探讨。

在此,我首先感谢中央党校的领导与教授们,他们对我的研究给予了热情的支持和帮助,给了我一个优惠政策:"自选听课",这样,可使我的研究时间得到充分的保证。

其次,感谢内蒙的李德孝、李建中等,还有在山西工作的董宇明、关键等同志们,他们对本书稿的出版做了大量工作。还有人民出版社的社长薛德震及金作善同志,在此一并致谢!

写到这里,纵观环球,美国的衰弱,苏联的消失,德国的雄心,日本的野心,将要崛起的中华,这一切,一切,坦然地说,可以用马克思的一句名言:"走自己的路,让人们去说吧!"

作　者

1991 年 12 月 7 日

第一章 整体管理概论

整体管理理论是以马克思主义政治经济学为指导思想,综合吸收了经济学、管理学等社会科学中的系统思想,以社会经济这个大系统的整体管理为研究对象,其主要任务是研究社会经济运行中公有制的本质特征与政府有效管理手段的内在联系,揭示社会经济效益乘数——加速发展的内在规律,研究如何通过有效的、系统的管理去实现整个社会经济整体效益的最大优化。整体管理的思想和实践,在人类社会的发展历程中有许许多多光辉的典范,历史发展到今天,科学技术的进步、社会制度的演进使整个社会经济乃至整个人类社会趋向更加紧密相关的整体,尤其是以公有制为主体的社会主义经济,其整体性表现得更为突出,如何进行有效的管理,是关系到整个社会主义制度发展的大问题。整体管理理论就是探索有中国特色的、以公有制为主体的社会主义国民经济管理的本质规律。

第一节 整体管理引言

一、管理一般与整体管理

有了人类社会就有了管理,管理与人类社会共生存,管理具有极普遍的意义。在人类社会中,人们都处在管理和被管理之中,也就是说,社会中的每个人,一方面都在进行着管理工作,参与着把有限的人力、物力、财力和时间布局到众多的不断增长的社会需求中去,这种管理作为人类社会整体永远不会终止,作为个体人,这种管理也不会终止;另一方面,人们的具体管理活动又都从属于更大范围的管理,这种整体管理是从局部到全局,从不自觉到自觉的过程,是人类社会进步的大趋势。整体管理强调的是组织协调更多的人和机构参与有目的的社会实践活动,以实现整体组织要达到的优化目标。任何个人的管理作用只有融合在整体中才能发挥作用,起到整体管理在现代化管理中应有的价值。整体管理注重以整体人为根本的管理,是整体人对整体人的管理,也是人类自身的自我激励、自我完善、自我发展的整体优化过程。整体管理的目标是组织所有人达到共同追求的目标,即整体优化的目标,这个目标的实现要靠组织内所有人共同遵循的管理原则,协调动作才能达到。整体管理不仅仅简单地强调协调人们的活动,更强调和注重人们内心世界的协调,注重操作者、管理者和决策者的有机统一。整体管理要使管理者和被管理者在共同的目标下,以主人翁的姿态去进行管理,使管理的计划、组织、指挥、控制和协调职能发挥得更加充分,更加完善,更能体现整体的意志。

马克思、恩格斯在扬弃古典政治经济学的基础上,创建了马克思主义的政治经济学,完成了经济学说史上的一次伟大革命。马克思在博大精深的不朽著作《资本论》中,揭示了资本主义制度的剥削本质,并提出解决这一问题只能靠无产阶级革命推翻资本主义制度,从而获得无产阶级和全人类的解放。马克思强调了"革命"的政治经济学,他在指出了生产劳动是一切社会财富的源泉,是人类社会革命历史的基础,是推动社会发展的深层的原因,是各种经济关系变化的原动力的同时,还深刻地揭示了管理的普遍性。他说:"不论生产的社会的形式如何,劳动者和生产资料始终是生产的因素。但是,二者在彼此分离的情况下只在可能性上是生产因素。凡要进行生产,它们就必须结合起来。"①使生产要素结合的过程和生产过程,其本质就是一个管理过程。我们清楚地知道,堆积的原材料、封闭的设备、闲置的厂房、孤立的资金,如果不使它们有机结合起来,就不能产生新的财富。只

---

① 《马克思恩格斯选集》第 2 卷,人民出版社 2012 年版,第 309 页。

有通过管理,使这些要素有机结合起来,才能产生巨大的社会财富。因此,可以认为,管理是人类社会经济活动中最普遍的活动。马克思、恩格斯说过:"凡是直接生产过程具有社会结合过程的形态,而不是表现为独立生产者的孤立劳动的地方,都必然会产生监督和指挥的劳动。"①在这里马克思进一步揭示了在非"孤立劳动的地方",都需要进行管理,这就是管理的普适性。人类社会的物质生产过程就是各种生产要素通过有效的结合,而产生成果的过程,这个"结合"是现实生产力的本质过程。显然,在不同的社会制度下,劳动者与生产资料结合的方式不同;在不同的生产力水平条件下劳动者与生产资料结合的具体形式也不同。尽管社会生产方式极大地制约着劳动者与生产资料的结合,不可否认,这种"结合"是实现社会生产力的共同本质。

从社会经济运行角度讲,管理始终是这种"结合"产生效益的基本保证。在同一种社会生产方式的大背景下,只有有效的管理才能使生产要素实现有效的结合,形成效益较高的现实生产力。也就是说,在任何社会生产方式下实现社会生产力,有效的管理是必不可少的。

伴随着世界范围内的新技术革命浪潮的到来,整体管理更具有普遍性。一方面,由于交往频繁,管理信息得到空前的发展,对于管理的经验和教训,各国都在不断地吸取和借鉴,在科学管理理论指导下能产生巨大的经济效益,已成为人们的共识。科学的管理方式、管理水平、管理意识正在发生一场重大的革命,整体管理越来越显出它的生命力。改革是解放生产力的整体过程,也正是一个管理科学化的过程。另一方面,世界范围内新技术革命的每一成果,都是整体管理的结晶。信息技术、生物工程、自动化技术、新材料、新能源、航空、航天、海洋工程、激光、超导、通信等高技术领域所取得的每一项成果,都与整体管理分不开,整体管理已在高科技领域取得显著的经济效益。同时,伴随人类社会的进步,全人类都客观要求世界范围内的经济技术社会有一个较为协调的发展,应运而产生的一些国际组织,其实质是以

① 《马克思恩格斯选集》第2卷,人民出版社2012年版,第559—560页。

世界范围内的一些事宜进行协调组织和管理,这种管理带有更大的整体管理的意义。

管理一般是整体管理的基础,整体管理则是管理一般的特定形式,两者是系统辩证的关系。管理一般强调管理行为本身与人类社会并存,管理具有更广泛更普遍的意义,社会中的每个人都在进行着管理工作,每个人都在从事把有限的物质、金钱、时间分配给众多的、相互竞争的、难以满足的目的。从现代管理角度来看,整体管理强调由一个或更多的人协调他人的活动,以达到任何个人单独行动所无法达到的目的。管理的中心是管理他人和自己的行为规范的工作,是通过协调组织其他人的活动而达到一定目标。

整体管理与其他管理科学相比,具有以下几个特点:

第一,整体管理强调管理系统自身科学的结构构成与管理的运行机制相统一,管理系统与周围环境相统一,整体系统管理与部分要素管理相统一。在这里整体管理对于部分要素管理来讲是第一位的,它是管理过程中的出发点和归宿,部分要素管理是整体管理的基础和条件,同时又要受整体管理的制约和调控。

第二,整体管理强调以人为本的管理。人不应是管理的奴婢,而应是管理的主体;公有制为主导的以人为本的整体管理,主张管理系统内大多数个体的意志合力构成整体管理的总目的;以人为本进行整体管理,表现在不同时空条件下,有时代表管理主体,有时代表管理客体,无论是管理主体或是管理客体,通过管理的实践,形成管理的整体,即为整体利益而进行活动。

第三,整体管理强调系统的整体大于离散的部分之和。整体管理是一个动态发展过程,在不同时空条件下,不同的结构层次中,其整体的范畴含义也不相同,但有一点,整体管理必须是把科学的管理系统、合理的要素结构层次与管理系统所处的外部环境在以人为本的运行机制上有机结合起来,不断向前运动发展,才构成整体管理的本质内容。

第四,整体管理不仅是个动态过程,而且在其运动过程中,要不断克服管理过程中出现的各种不利因素,如落后意识、腐败现象、官僚主义机制等,并通过批评教育,治理调整和改组机制,以及有效率的法制监督来克服这些阻力,确保整体管理的全面实施。

对以上论述我们用一个通俗公式表示:

$$整体管理 = \frac{科学管理系统}{落后意识} + \frac{合理要素结构层次}{腐败现象} + \frac{外部环境}{官僚机制} \times 以人为本的动力运行机制$$

所谓科学管理系统是指管理机构,管理原则,管理法规同管理主客体之间所处生产力水平相适应,与环境进行有效率的物质、能量与信息的交换,对内能行使有效率的调控,整体管理系统与其他管理系统相比,支出为较小,而产出效益则较大,即 1+2>3。

所谓管理结构层次,是指整体管理的内部要素管理具有严密的结构与层次,诸要素管理形成有机相关的联动整体,各要素之间在比例上匹配,布局合理,在质态上相当。这种要素管理结构层次则称为管理的结构层次。

所谓管理系统外部环境,是指管理主体与管理客体所形成的管理系统是一个开放系统,它必须与周围的大小环境相适应,并能进行有效率的物质、能量与信息的交换,外部环境则构成整体管理的重要内容之一。

所谓以人为本的运行机制,是指人民大众是国家的主人,是国民经济的主体。整体管理的重要原则就要使管理的目的代表人民的意志。从根本上讲,管理是人的管理,也是对人的管理,只有代表大多数人的意志的法规、政策、方针与方法去进行管理,才能最大限度地调动和发挥人的积极性。并使全体管理人员和民族整体素质保持在较高水平上。通过以人为本的运行机制使三者有机结合起来,就会使整体管理向乘数——加速度原理的方向发展,并取得整体效益。

落后意识是指闭关锁国、小农意识、固步自封、一切非科学的认识方法和思维方式;腐败现象是指思想上堕落、政治上腐朽、生活上腐化、工作上瞎干;官僚机制是指不实事求是,不从实际出发,不按规律办事的管理体制。这些落后腐败因素是整体管理的大敌,与整体管理成反比。这种因素越大,整体管理效益也就越差,这种因素在有效率的法制监督下控制的越小,则整体管理的效益越大。在一般意义上讲,落后腐败与官僚机制伴随着人类社会发展同时并存,它不可能等于零。只有到了共产主义才能趋于常数。

有效率的运行机制,可以使科学管理系统不失时机地伴随着历史向前不断完善,使内部要素管理的结构层次更趋向合理,使管理系统自身更能适应外部环境,以更加多的物质、能量与信息进行交换,这种交换越多,整体管理效益也就越大,自我发展后劲也就越强。所以以人为本的运行机制使整体管理效益以乘数加速度向前发展。

二、整体管理思想的历史发展

整体管理思想伴随着人类社会的发展经历了一个漫长的发展过程。一般认为,管理科学大致划分为早期管理思想、古典管理理论、行为科学管理理论和现代管理理论四个发展阶段,在每一个发展阶段中都不同程度地包含着整体管理的思想。

(一)早期管理思想中的整体管理思想

早期管理思想,从它所覆盖的范围看,包括史前公共事物管理、前资本主义国家管理和资本主义发展初期的管理;根据其不同的特点,又可分为东方古代管理思想和西方古代管理思想两个支脉。

在原始社会有民族管理和部落管理。尽管这个时期,管理活动具有习惯性、经验性、权威性和盲目性,但却是人类群体活动所不可缺少的。在社会生产力极为低下的原始社会,人类为了生存,只有凝聚集体的力量,才能获得最基本的物质需要,也只有依靠群体的力量,才能抵御大自然的侵害。这时管理的整体性直接转化为集体的力量,具有明显的整体性效益。它维系着原始人群体的生存和发展。

人类进行有效管理的历史,就是人类进入文明时代的五千年文明史。它包括奴隶社会和封建社会的国家管理。这时的管理是在经济、政治、社会、文化等领域都由国家统一管理。统治阶级凭借国家机器进行最直接的统治。国家管理是把阶级"冲突"保持在"秩序"的范围内。

　　我国古代著名的历史人物秦始皇，在他短暂的统治年代里，表现了卓越的管理和组织才能。他建立了以郡县制为基础的中央集权体制；设立了一整套以"三公九卿"为主的行政管理机构；制定了以《法经》为主要内容的一系列法律条令；统一了全国的文字、货币和度量衡制度；摧毁了战国时代分离割据的关塞，按一定规格修建了通向四方的驰道，统一了车轨和道路宽度，使交通和贸易得到较大发展。这些重大的政治、经济措施，不仅适应了当时生产力发展的要求，也是管理上的改革和创新。这是古代整体管理思想的典型表现。

　　唐朝"贞观之治"，唐太宗改革了国家行政管理制度，这时管理的特点是具有不科学的层次性，不规范的复杂性，以人为主的制度性和大统一性的家长式的经验管理。国家整体管理表现在个人整体，小自我，"朕"就是国家。因此，它的整体效益性就表现在把"朕"个人整体管理好，就管理好了国家，是"修身、齐家、治国、平天下"。

　　李冰父子组织修建的都江堰，这一古代最伟大的水利工程，更是古代整体管理思想和实践的杰作。

　　西方早期整体管理思想产生于资本主义发展早期。主要代表人物有亚当·斯密、罗伯特·欧文、大卫·李嘉图和英国数学家巴欠奇等。

　　亚当·斯密在 1776 年分析了劳动分工的经济效益，提出了生产合理化的概念。关于动作和时间的研究，早在泰罗之前就作出了与其后的巴欠奇大体相同的观察和分析。他还指出，装备一项价值高的机器，在用旧以前所做的工作应能赚回本金，至少能提供正常利润。他所谓"正常利润"是指当时信贷利率的一倍。实际上他提出了计算投资效果的概念。

　　1828 年罗伯特·欧文发表了关于管理的著作，鼓吹人群关系的研究。他把工人称作"有生机器"，以别于"无生机器"。他指出，正如维护得好的机器，效率高，寿命长，可以获利更多一样，保养得好的"有生机器"也可以获利超过其花费的 50%。

　　大卫·李嘉图在管理上也有许多论述。他的主要观点是：只有资本主义制度才是最有利于生产的发展。

1832 年,巴欠奇写了《机器与制造业的经济学》一书。在用科学方法研究管理方面,他的见解高居于同时代的其他作者之上。他在亚当·斯密劳动分工学说的基础上,对专业化的有关问题进行了系统的研究。通过对制造工序和工作时间的研究,提出了专业技能是工资与奖金的基础这一原理,成为后来"科学管理"的基础。现代工厂的流水生产线就是这个思想的应用。

另外,关于采用机器是代替人力操作的前提,由此他提出了一系列的管理问题:如产品质量是否可靠,有何经济效果,机器的投资和运行成本、维护费用、运输费用是否合算等等。如何正确回答这些问题,仍是管理中的重大问题。

在近代社会经济管理中,主要是利用价格、税收、货币、信贷、利润、工资、奖金、组织、协调等手段来调控再生产。这时的管理已具有明确的微观整体效益观念,尤其是资本主义前期,企业个体的整体性很强,微观整体效益也很高。但是国家整体效益较差,经济危机周期性发生,宏观经济失控不可避免,就是当代由于资本主义国家宏观管理上的局限性,工厂倒闭、工人失业、市场萧条,形成周而复始的"滞涨"危机。这种缺乏国家的宏观战略整体管理,导致产业结构管理失调等,是近代资本主义私有制社会经济发展的必然结果。

(二)古典管理理论中的整体管理思想

在研究整体管理思想的历史发展中,必须研究被称为"科学管理之父"的美国工程师泰罗的"科学管理"理论及其同时代的先驱者。他们通过对时间和动作的观察、研究,运用科学方法大大提高了工人的生产效率。同时,他们把管理的职能从生产过程中分离出来,从而大大提高了管理效率,促进了生产的发展。1911 年泰罗出版了《科学管理原理》一书,系统地阐述了他的观点。他认为科学管理的中心问题是提高劳动生产率。为此,必须为每项工作挑选"第一流工人"。人具有不同的天赋和才能,只要某项工作对一个人合适,而他又愿意尽力去干,他就能成为第一流工人;让工人使用标准化的工具、机器和材料,并使作业环境标准化,采取一种鼓励性的计件工资报酬制度;工人和雇主两方面都必须认识到提高劳动生产率对两者都有利,二者相互协作,共同为提高劳动生产率而努力;把计划职能(管理职能)同执行职能(操作职能)分开,计划职能由专门的计划部门承担。其主要任务是调查研究,为定额和操作方法提供科学数据;制定定额和标准化的操作方法;拟订计划并发布指示和命令;比较标准和实际情况,进行有效控制等等。

与泰罗同时期提出科学管理思想的重要代表人物还有法国的法约尔。1900 年他总结了自己的管理经验,提出了一整套组织行政管理的理论,特别阐述了组织行政管理职能的重要性。1908 年,提出了组织管理的 14 个原则:分工,权威,纪律,统一指挥,统一领导,局部利益服从整体利益,酬劳,集权,权力等级链,秩序,公道,稳定的人事任用制度,首创主动,集体主义精神。1916 年出版了《工业管理和一般管理》一书,提出了著名的管理要素(职能)理论即计划、组织、指挥、协调和控制。

泰罗、法约尔等人的科学管理思想为现代管理理论的形成和发展,为提高管理绩效,为促进社会生产力的发展等方面,都起了极为重要的作用。但其最根本的缺陷是忽视人的因素,把人视为附属于机器的"经济人"。这种以"物"为中心的管理思想,不可能用科学方法来研究人在组织中的行为和动力,无法充分调动工人的积极性。因此,"科学管理"并不完全科学,实际应用中也并不都有效,而且从一开始就受到工人的抵制和反对。列宁对泰罗的科学管理作了全面的评论,它"既是资产阶级剥削的最巧妙的残酷手段,又包含一系列的最丰富的科学成就","应该在俄国组织对泰罗制的研究和传授,有系统地试行这种制度并使之适用"。[①]

除泰罗、法约尔的科学管理理论外,比较有影响的还有德国的韦伯建立的行政组织管理理论、波兰的阿朱斯基建立的"和谐论"等,都为管理科学提供了原则和方法。这些原则和方法不仅是科学管理的理论基础,同时也是整体管理理论的立论基础之一。

---

① 《列宁选集》第 3 卷,人民出版社 2012 年版,第 492 页。

（三）行为科学管理理论

管理科学中行为科学理论的形成,是整体管理思想发展的重要阶段。其特点是,重视人力资源的开发和利用。他们强调:"人是第一位的",工厂企业不是机器的堆积,必须把它看成是人的组织。行为科学把"人——机器——工厂"看作有机的整体,并含有明确的整体管理思想。

管理理论的发展,开始从对物的管理发展为对人的管理。在开展"人群关系"研究的基础上,20世纪50年代初,美国一些著名大学的教授集会研究,把心理学、社会学、人类学和管理学的成果综合起来。重视对人的行为、组织行为的研究,建立了关于人和组织行为的一般理论,正式采用"行为科学"一词,成立了"行为科学高级研究中心"。

行为科学认为,人由于受内部或外部因素的刺激,精神的或肉体的刺激,都会作出某种反应,而这种反应都会对人从事工作的效率产生影响。因此,行为科学强调从社会学、心理学的角度研究管理,重视社会环境和人群关系对提高工作效率的影响。从此,行为科学学派逐步取代了人群关系学派。行为科学的整体思想表现在,不仅把人看成是工厂的人、机器的人,而且是整体社会环境的人、人群关系的人。这就为整体管理提供了研究的出发点。

早在19世纪30年代,罗伯特·欧文就开始对企业管理人的心理需要及其行为进行观察和研究。他最早提出了要在企业管理中注意关心人、利用人的因素,被称为"人事管理之父"。德国的心理学家威廉·马特,雨果·斯特伯,美国的亨利·汤等许多科学管理运动的早期倡导者,都为行为科学的形成,作出了不同程度的贡献。他们依据霍桑试验创立了这一学说,其基本要点是:

第一,与古典管理把人看作"经济人",只是追求高工资和良好物质条件的观点不同,而行为科学提出了人是"社会人"的观点。认为人是独特的社会动物,只有使自己完全投入集体中,才能实现彻底的"自由"。人们是有感情的,他们希望能够感到自己的重要,并让别人承认自己工作的重要。他们虽然对自己的工资待遇的大小很关心,但这不是他们唯一感兴趣的事。

报酬的多少,确实能够反映他们在社会工作中的重要程度,但比承认工资差别更为重要的是,上司对待他们的态度,以及他们对社会的贡献等等。总之,正如同社会上大多数人一样,职工也需要人们把他看成是属于某个集体,而且是该集体不可缺少的一部分。

第二,由于人是社会的动物,在企业内共同工作过程中人与人必然发生相互关系,形成非正式团体,在这里他们有共同的感情。正式组织以效率的逻辑为重要的标准,在非正式组织中,则以感情的逻辑为重要标准。感情的逻辑则在工人中比在管理人员和技术人员中占更重要的地位。因此,应注意使效率逻辑和感情逻辑之间保持平衡,以便管理人员与工人之间、工人与工人之间相互协调,充分发挥每个人的作用。

第三,行为科学还包括对领导行为的研究。领导行为和领导方式对企业经营管理的好坏影响极大。过去的研究者着重于领导者特性,而行为科学的研究者认为领导者的有效管理不仅是与领导者个人的特质有关,也与被领导者的行为及组织环境的影响有关。之后又提出了 X 理论和 Y 理论,形成关于被领导者的两种对立的观点,其内容相当类似我国古代荀子提倡的"性恶论"和孟子提倡的"性善论"。按照"Y 理论"提出的管理任务就是要发挥职工的潜力,创造条件使个人和组织的目标融合一致,前者的满足就是后者的成熟。1965 年由奥迪恩加以发展,把参与目标管理的人扩大到整体企业范围,有利于把职工的需要与企业的目标结合,发挥职工的主动性。在国外企业中发展了各种形式的"参与管理"制度,让各级管理人员和职工有提出建议和参与决策的机会。

总之,他们重视人的多种需要,充分尊重人的价值,重视领导行为在管理中的作用等方面对于整体管理思想是有贡献的。但他们过分强调感情的和社会的因素,而忽视了理性的和组织的作用。

(四)现代科学管理理论

经过古典管理理论、行为科学管理理论到现代科学管理理论已形成多种学派。第二次世界大战以后,随着科学技术的进步和生产力的不断发展,在发达资本主义国家中,出现了许多管理理论学派。著名管理学家哈罗德·孔茨称为"管理理论的丛林",在其1980年发表的《再论管理理论的丛林》一文认为,大约20年前,美国的管理理论有6个学派,目前已增加到11个,具体有:经验式案例学派、人际关系学派、群体行为学派、社会系统学派、社会技术系统学派、决策理论学派、系统管理学派、数学化管理学派、权变理论学派、管理者工作学派、综合管理理论学派。这些管理学派都拥有整体管理思想,但还不系统完整。这是由于现代管理理论著作多出自高等学府,坐而论道,脱离实际。现代化的管理实践要求各学派大汇合,管理理论与管理实际相结合,这是现代化管理发展的必然趋势。

以美国的巴纳德为首的"社会系统学派"认为社会各级组织都是协作系统。经营管理过程就是作为一个协作系统的结构、目标任务,不断协调组织内部和外部的各种关系的过程。经营管理过程一方面是系统内部自身的事情,另一方面也是经营管理系统与外部社会环境的协作关系,这是整体管理的重要内容。

"社会技术系统学派"认为,技术系统对社会系统、个人态度和群体行为都有很大影响,管理者的重要任务就是把社会系统和技术系统相结合,确保它们相互协调。

"系统管理学派"认为,要从系统的整体目标与利益上考虑和管理企业,使系统和各有关部门相互联系,达到管理企业的总目标。

"权变理论学派"认为,企业是变化的动态系统,管理理论和方法都要根据企业内部条件随机应变,其函数关系是:"如果——就要——",没有一成不变普遍适用的"最好的"管理理论和方法。

"决策理论学派"是从社会系统学派中发展出来的,其代表人物有美国的西蒙、马奇等人。它是在第二次世界大战以后吸收了行为科学、系统理论、运筹学和计算机程序等学科的基本内容而发展起来的。西蒙由于他在决策理论的研究上作出了贡献,曾获得1978年度的诺贝尔经济学奖。西蒙认为,决策贯穿于管理的全过程,管理就是决策。组织是由作为决策者的个人所组成的系统。他们还对决策的过程、决策的准则、程序化的决策和非程序化的决策、组织机构的建立同决策之间的联系等作了分析。他们的代表作是《组织》及《管理决策新科学》等。

"经验主义学派"的代表人物有美国的杜拉克、戴尔等人。杜拉克的代表作有《管理、任务、责任和实践》、《管理实践》、《有效的管理》等;戴尔的代表作有《伟大的组织者》、《企业管理的理论与实践》等。他们认为:古典管理理论和行为科学都不能完全适应企业发展的实际需要。有关企业管理的科学应该从企业管理的实际出发,以大企业的管理经验为主要研究对象加以概括和理论化,向企业管理人员提供实际的建议。

通过以上简要地介绍,我们可以看到西方管理思想和理论的发展和演变过程,并从不同的角度上反映出整体管理的思想。从总体上说,由管理实践经验上升为管理理论;由一般管理演变为社会系统管理理论;再由社会系统管理理论发展为整体管理理论,是现代科学管理理论发展的必然结果。

(五)建立有中国特色的整体管理理论是管理理论发展的一场革命

党的十三大指出:"现代科学技术和现代科学管理,是提高经济效益的决定因素,是使我国经济走向新的成长阶段的重要支柱。"要在一个人口众多的国家里实现四个现代化,不进行一场管理上的革命,就无法适应社会主义现代建设发展的需要。而进行管理上的革命,首先要进行管理思想上的革命。没有一个适合我国国情的现代化管理理论的指导,我们的经济管理工作和管理体制的改革就无所遵循。

建立和发展与我们现代化建设相适应的管理理论,首先要从我国的实际情况出发,总结新中国成立以来在各方面、各层次上管理的经验教训。我们不仅有许多宝贵的传统管理思想和理论,而且也创造和积累了许多成功的管理经验;同时,沉痛的教训也是我们的宝贵财富。我们要深刻认识经济工作方面存在的"左"的思想,还要具体分析经济思想、管理理论和方法、组织结构以及管理体制诸方面的原因,大胆探索管理上的变革。其次,我们还要敢于借鉴外国的管理思想,学习外国的管理理论和方法。马克思早就指出过资本主义企业管理的"二重性",即一方面是"一种由社会劳动过程的性质产生并属于社会劳动过程的特殊职能",另一方面它又是"剥削社会劳动过程的职能"。这里说的前一种职能,是任何社会制度下,一切种类的社会劳动都不可缺少。正是在这个意义上，我们应该向他们学习。他们在运用经济规律方面，积累了相当丰富的经验。最后，学习任何外国的管理思想和理论，都必须坚持马克思主义的实事求是的指导。我们应当有原则、有分析、有选择地学习。同时，学习任何经验，都必须结合自己的实际情况才能有效。过去我们吃过一切照抄苏联的亏，今天更不能眼盯着西方，一切照搬美国和西欧。

我们要努力挖掘和研究祖国传统的宝贵的管理思想和理论，认真总结新中国成立以来以毛泽东同志为代表的老一辈革命家的丰富的管理思想和经验，建立适合我国国情的整体管理理论。

从以上不同时期管理思想的发展可以看出这样一个过程：古代人类社会初级的整体管理——整体机械的强制管理——人与物的分权管理——现代科学管理。在系统辩证思维指导下的整体管理理论，是经济学与管理学的一体化的体系。也就是说，整体管理理论的产生，是人类社会认识世界和改造世界发展的结果，具有历史必然性。

三、整体管理的实践要求

十月革命后，列宁就提出了宣传俄国、掌握俄国、管理俄国的任务。在建设社会主义的实践中，他很快就认识到商品与货币的作用，并强调加强经济管理的重大意义。他指出："要在这方面获得胜利，就需要更加沉着，更加耐心，更加坚定，更加顽强，更加有条不紊，需要有进行大规模组织和管理的更高超的艺术。而这正是我们这个落后的国家所最缺乏的。"[1]列宁在这里与马克思一样指出管理的普遍意义和组织管理的重大作用。同时，他对管理的范围与深度也明确指出："现在，构成目前时局特点的第三个迫切任务提上了日程，这就是组织对俄国的管理。"[2]"在社会主义条件下，我们的

---

[1] 《列宁全集》第38卷，人民出版社2017年版，第163页。
[2] 《列宁全集》第34卷，人民出版社2017年版，第155页。

根本任务是以经济建设为中心,大力发展社会生产力。"①为了完成这一历史使命,我们提出整体管理论,它是适应建设有中国特色的社会主义的需要而发展起来的。党的十一届三中全会明确提出,把党的工作重点从阶级斗争为纲转移到现代化经济建设这个中心上来。这样,创建符合实际的管理理论就成为当务之急。同时,改革 10 年的历史过程,积累了极其丰富的经验和教训,也完全有可能把它提高与总结,上升到理论形态。

邓小平同志指出"四个现代化,集中起来讲就是经济建设。"②现代化归根结底是社会生产力的现代化。工业、农业要用现代化的生产力武装,科学技术本身是生产力,国防现代化的实质就是现代化的生产力在军事上的表现、集合和综合。因为,"暴力的胜利是以武器的生产为基础的,而武器的生产又是以整个生产为基础"。③ 不把经济搞上去,我们就不可能自立于世界民族之林。搞现代化经济建设,这是历史发展的大趋势!

把经济工作放在首位,核心是发挥社会生产力的整体效益。而如何才能取得经济的、技术的、社会的整体效益,这就需要以整体经济效益为中心,而不是以"发展速度为中心",建立一套评价考核社会经济效益的综合指标体系。我国现行的经济效益指标考核体系,在从产品经济转向有计划的商品经济的过程中,其缺陷和局限性就日显突出。现行指标体系一共包括 16 项,其中有些不是经济效益指标,却被当成经济效益指标使用。如工业总产值和增长率,将其作为经济效益指标,不仅对消除生产和建设中不惜工本、不讲核算、盲目追求高速度等问题没有帮助,反而起了反面作用。"速度中心论"长期在我国经济工作中占据主导地位。为了追求高速度、高产值,甚至不惜以经济效益的恶化为代价。许多企业之所以这样追求高速度,是基于这样一个原因:评价经济工作的成绩,首要是看速度有多高。因此,改进、完善评价工业经济效益的指标体系,尤其是建立一套评价考核工业经济效

① 《江泽民文选》第一卷,人民出版社 2006 年版,第 68 页。
② 《邓小平文选》第二卷,人民出版社 1994 年版,第 240 页。
③ 《马克思恩格斯选集》第 3 卷,人民出版社 2012 年版,第 546 页。

益的综合指标,已成为当务之急。

提高整体效益,必须树立整体管理思想。否则,我们在经济建设中还会付出巨大的代价。例如,据1990年1月14日《人民日报》报道,我国工业发展,1987年中国钢产量为5628万吨,比西德高55%;发电量4973亿千瓦小时,比西德高18%;原煤产量9.28亿吨,比西德高3.8倍。但是当年西德的国内生产总值比我国高2.4倍,出口贸易额比我国高6.46倍。据有关资料,1989年底我国拥有固定资产总值达16000多亿元,其中工业企业固定资产总值闲置的占30%左右。这里的关键问题是科学管理跟不上,如果提高科学管理水平,不增加任何投入,中国现有的生产力水平可提高2—3倍,甚至5—10倍。如果认为科学技术是第一生产力,那么管理是第一生产力中的第一。这就是管理在经济系统中的第一范畴的作用。从生产力要素的构成来看,人是生产力系统中最活跃、最革命的因素,人的主动性是否能发挥出来,发挥得如何,最根本的问题也是管理问题。

我国经济建设40年取得了巨大的成就,但也付出了较大的代价。总结历史经验,主要是改革开放前我们没有重视科学的经济管理,只是片面强调"一大二公"、"大跃进"、"大炼钢铁"、"十个大庆"、社会主义教育运动、"文化大革命"中的抓革命促生产、大搞"群众运动"、大搞"人民战争"、大搞"阶级斗争为纲"等,沿用国内革命战争的方法来搞经济建设,忽视经济效益。在1978年以前,我国的经济理论界对于如何提高劳动生产率、提高经济效益、推进技术进步和降低成本的理论研究,缺乏足够的重视,只注意研究产品的直接分配,忽视研究产品的成本变化和升高。

1978年以后,改革开放给我国经济建设带来的勃勃生机,取得了举世瞩目的成绩。但是,纵观我国经济建设40年的历史,经济效益逐年下降,而能源原材料的消耗在提高等问题,没有引起全社会的足够重视,这是个致命的问题,也是当前治理整顿中要解决的一个大难题。请见下表。

从表1-1中可以看出:(1)全民所有制企业的资金利用效率和产出效率都呈下滑态势;(2)全民所有制企业的可比产品成本呈增高态势。作为我国国民生产主体的全民所有制工业企业,其经济效益下滑,生产成本升高这是一个严重的现象。

从表1-2中可以看出,能源利用效益也在下降:(1)每万元社会总产值消耗能源,1953年为4.5吨,到1989年为4.3吨,有所下降,但1957年到1987年之间,年平均为6.6吨;(2)每万元工农业总值消耗能源,1953年为6.0吨,1989年为5.0吨,有所下降,但1957年至1987年之间,年平均为7.0吨;(3)每万元国民收入消耗能源,1953年为6.6吨,1989年为11.7吨,增长了5吨;(4)每吨能源消耗实现的国民收入,1953年为1522元,1989年为857元,下降了665元,效益明显下降。我国的能源利用效益可以说是在高耗能,低产出的水平上。

从表1-3中可以看出,全民所有制基本建设主要经济效益指标也处于下降趋势。(1)固定资产交付使用率,"一五"时期为83.6%,"三五"时期最低为59.4%,到了"七五"期间的1989年为75.0%,下降幅度为8个百分点左右;(2)未完工程占用金额,"一五"时期为59.1亿元,"六五"时期为744.6亿元,到"七五"时期的1989年竟达到1808.9亿元,基本建设资金占用金额大幅度增加;(3)大中型项目建成投产率,"一五"时期为15.5%,"六五"时期为12.5%,到"七五"时期的1989年为9.8%,"七五"时期的1989年同"一五"时期相比下降了5.7个百分点;(4)未完工程占用率,"一五"时期为62.9%,"三五"时期最高为175.4%,到"七五"时期的1989年为127.7%。以上数据表明:建设资金在逐年大幅度增长,基建周期延长,资金占用增加,不能及时投产使用,基建效益在下降。

表1-1　全民所有制企业经济效益

年份	资金利税率(%)	产值利税率(%)	可比产品成本降低率(%)
1952	25.4	18.7	2.3
1957	34.6	24.5	3.8
1962	15.1	22.2	4.2
1965	29.8	30.3	8.8
1970	30.6	27.6	9.3

续表

年份	资金利税率(%)	产值利税率(%)	可比产品 成本降低率(%)
1975	22.7	22.8	3.9
1978	24.2	24.1	4.6
1979	24.8	24.2	0.3
1980	24.8	24.0	−1.1
1981	23.8	23.9	−1.2
1982	23.4	23.9	−0.4
1983	23.2	22.8	0.2
1984	24.2	23.2	−2.0
1985	23.8	23.6	−7.7
1986	20.7	22.3	−7.3
1987	20.3	22.6	−7.0
1988	20.6	17.8	−15.6
1989	17.2	14.9	−22.2
1990	12.4	12.0	−7.0

表1-2 综合能源消费 　　　　　　　　　　　　　　(吨)

年份	每万元 社会总产值	每万元 工农业总产值	每万元 国民收入	消费每吨能源 实现国民收入 (元)
1953	4.5	6.0	6.6	1522
1957	5.6	7.3	8.7	1146
1962	9.7	12.0	17.5	572
1965	7.2	8.9	13.3	755
1970	7.2	9.7	13.8	727
1975	7.8	9.3	16.3	612
1978	7.8	9.2	17.4	573
1979	7.3	8.7	16.7	598
1980	7.0	8.4	16.2	619
1981	6.6	7.9	15.2	658
1982	6.3	7.6	14.7	682

续表

年份	每万元 社会总产值	每万元 工农业总产值	每万元 国民收入	消费每吨能源 实现国民收入 （元）
1983	6.0	7.3	14.2	705
1984	5.7	6.8	13.4	756
1985	5.2	6.3	12.8	781
1986	5.0	6.1	12.5	799
1987	4.7	5.7	12.2	822
1988	4.4	5.2	11.7	852
1989	4.3	5.0	11.7	857
1990	2.6	3.1	6.8	1472

※1. 能源消费量按标准燃料计算；

　2. 价值指标按 1980 年不变价格计算。

表 1-3　全民所有制单位基本建设主要经济效益指标

时期	固定资产交付 使用率（%）	未完工程占用 资金（亿元）	未完工程 占用率（%）	大中型项目建成 投产率（%）
"一五"	83.6	59.1	62.9	15.5
"二五"	71.5	207.6	96.1	8.1
"三五"	59.4	322.3	175.4	11.5
"四五"	61.1	539.8	165.7	9.4
"五五"	74.6	740.8	173.6	7.4
"六五"	73.8	744.6	115.9	12.5
1986	79.1	1115.0	99.3	11.0
1987	71.4	1330.7	105.1	11.7
1988	71.1	1544.2	109.3	12.7
1989	75.0	1808.9	127.7	9.8
1990	80.0	1960.0	122.6	14.4
"七五"	75.4			12.2

以上资料来源：国家统计局编：《全国各省、自治区、直辖市历史资料统计汇编（1949~1989）》和《奋
　　进的四十年》。

　　为了进一步说明我国 40 年来国民经济发展状况,我们选用全国工业总产值增长率、全民所有制独立核算工业企业经济效益等 12 项指标进行分析。请见图 1-1 至图 1-12。

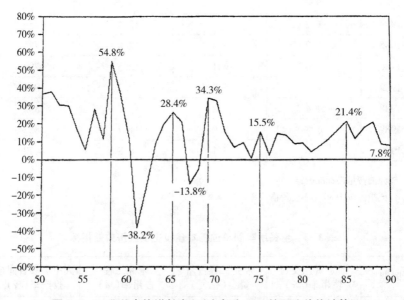

图 1-1　工业总产值增长率(以上年为 100,按可比价格计算)

　　综合以上数据图表的分析,清楚地说明了以下几个问题:一是我国经济发展的模式属于高投入、低产出、低效益的粗放类型,即属于"速度型"经济;二是从近 40 年中国经济建设的历史看,投入的资金在逐年增加,而能源与原材料消耗也在增加,建设周期在延长,经济效益在逐年下降,也就是说,即使高投入,也只能维系于低水平、低效益的状态;三是从分析中可知,我国的经济增长呈现周期性的波动,而且周期趋于缩短、频率有加快之势。具体来说,从 1949 年至 1989 年大致发生过四次大的波动:第一次是 1958 年至 1960 年的三年困难时期;第二次是间隔 9 年后,即 1969 年至 1970 年的"文化大革命"期间,周期为 2 年;第三次是间隔 7 年后,即 1977 年至 1978 年的"洋跃进",周期为 2 年;第四次是间隔 4 年后,即 1989 年动荡,周期为 3 年。这些波动的幅度,大约是日本的 2 倍多,是西德的 3 倍多,是美国的 4 倍多,是苏联的经济周期 4—10 倍。国民经济这种大起大落,严重地影响了国民

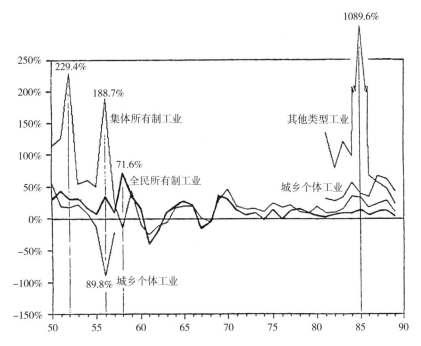

图 1-2 工业总产值增长率（按所有制分类·按可比价格计算）

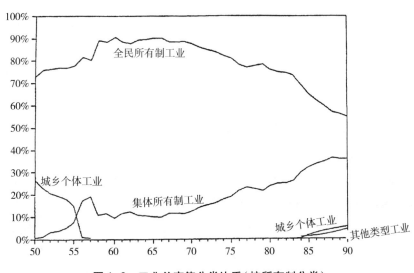

图 1-3 工业总产值分类比重（按所有制分类）

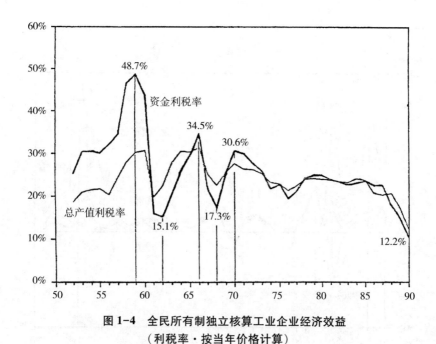

图 1-4　全民所有制独立核算工业企业经济效益
（利税率·按当年价格计算）

经济持续、协调、稳定的发展,致使整体效益十分低下,进一步加剧了经济系统内各要素之间的不协调。

粗放的经营管理已经造成资源的巨大浪费。我国的能源利用率仅为30%左右,美国、日本却在50%以上,苏联、西德也在40%以上。有人计算,能源不用增加,只要能源利用率达到世界平均水平,我国的产值可翻一番。对过去讲,这是多大的浪费! 对未来说,这是多大的潜力!

判断治理整顿的成果如何,是否结束,都应以整体效益的发挥为主要标准,而不能仅仅以产值等几项简单的指标为标准。在社会主义制度下,无论管理的作用、范围、规模,都大大扩大了。社会主义公有制为社会化大生产提供了物质基础,也为整体管理提供了前提条件。基于社会主义公有制的客观要求,管理具有全民性质,公有制只是对生产、消费、分配、交换系统整体经济,提供了一种发挥整体效益的可能性,但如何使这种可能性变成现实,这就取决于科学管理。因此,整体管理与公有制有不可分割的必然关系。公有制的优越性能否发挥出来,将取决于管理的方法、管理的质量、管

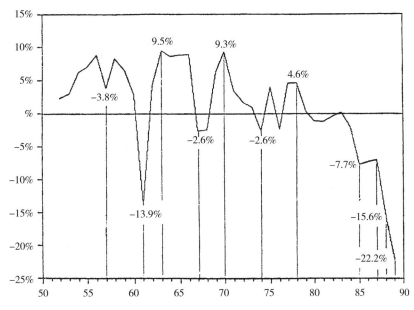

图 1-5　全民所有制独立核算工业企业经济效益
（可比产品成本降低率）

理的效果。正因为管理已经在经济生活中成为主要因素，所以它对经济过程起着主导作用。可以说，得到这个认识确实不容易，我们付出了极大的代价，付出了可观的学费。我国大部分的经济管理仍处于经验管理的低水平上，科学管理已经提出，但远远没有广泛推行。长期以来，社会上最简单、最普遍、最基本、最常见的人们的联系就是管理，大至国家、小至家庭。而我们的经济工作，则没有把科学管理放在首要的地位来看待。有关专家计算，在经济效益中，有 6 成是由科学管理获得，有 3 成是科技进步获得，有 1 成是投资获得，这是十分有道理的。例如，我国有电冰箱厂 100 家，电梯厂 300 家，彩电生产线 166 条，洗衣机生产线 147 条，但却只有三分之二能发挥能力，发挥效益。不能完全发挥效益的原因很多，如没有达到经济规模，设备不配套，宏观失控等，但主要问题是管理落后。这里包括我们的计划管理、市场管理、产业结构管理都在低水平上运转。其次是改革不配套，当然也是管理改革的问题。改革虽卓有成效，但缺乏系统性、整体性、有机性、配套联

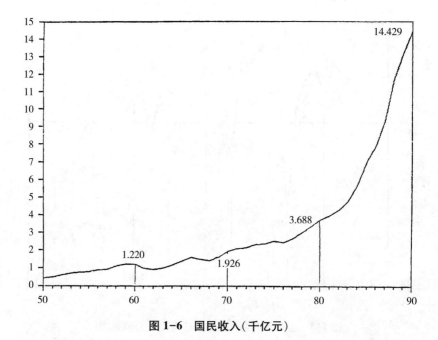

图 1-6　国民收入（千亿元）

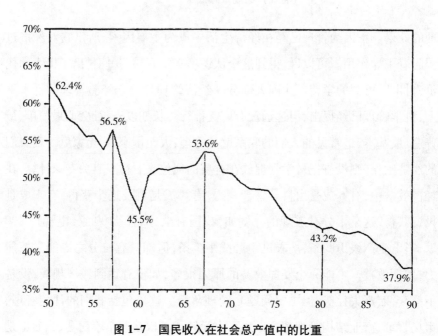

图 1-7　国民收入在社会总产值中的比重

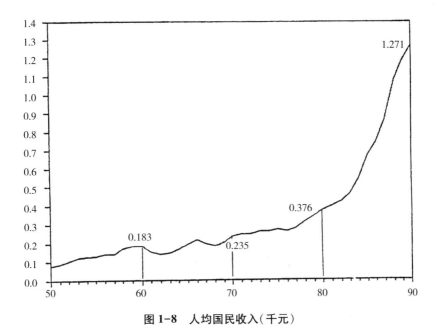

图 1-8 人均国民收入（千元）

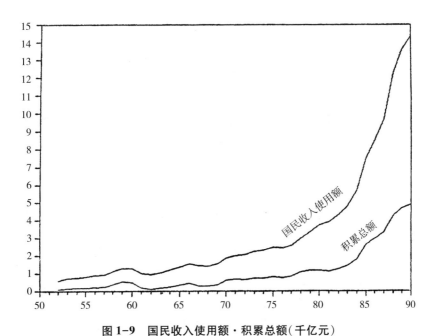

图 1-9 国民收入使用额·积累总额（千亿元）

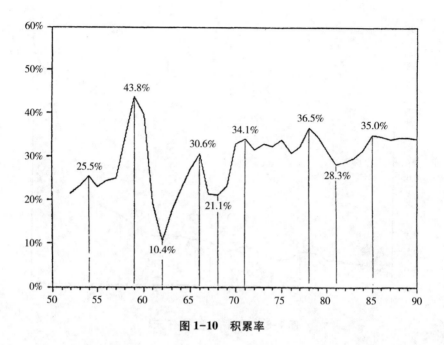

图 1-10 积累率

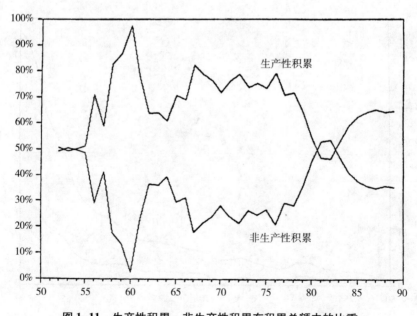

图 1-11 生产性积累·非生产性积累在积累总额中的比重

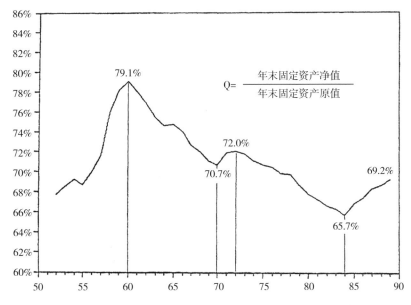

$$Q=\frac{年末固定资产净值}{年末固定资产原值}$$

图1-12 全民所有制独立核算工业企业固定资产新度系数

动性。例如,经济体制改革与政治体制改革、党政分开与政企分开、所有制的所有权与经营权分离、计划经济与市场经济结合、产业结构调整政策等方面都处在单项推进、孤军深入,难以协调发展。当然还有其他原因,但其中最为主要的是管理落后,缺乏整体管理的意识、方法与手段,因而,整体效益不能以自身的速度向前发展,这是问题的根本所在。

总之,我们要用新的方法来研究和解决经济工作中最根本的问题,避免经济周期性的大起大落,纠正效益低,成本高,速度过快,真正搞好治理整顿。我们现在的经济是有计划的商品经济,因此,它的结构、效益、质量,最终乃取决于有效的系统整体管理。

我国40年社会主义经济建设实践,尤其是改革开放的经验教训,国外科学管理取得的成果,都严峻地要求我们认真研究和确立适合我国社会主义初级阶段实际情况的科学管理理论。现代化经济建设的实践,为整体管理理论的产生提供了前提条件和坚实的社会基础。

第二节　整体管理的理论基础

任何一种科学理论的产生都反映着人们对客观事物内在规律的认识，都有其产生的历史必然性。整体管理的理论基础是在以公有制为主体的经济基础之上形成的，包括了横向的生产、分配、交换、消费的系统和纵向的宏观、中观、微观等层次的调控系统。

一、社会经济是一个系统整体

(一)马克思关于经济是一个整体的理论是整体管理的理论基础

马克思关于经济理论的一系列论述都说明了在社会经济运行中的各种要素通过管理的联系，形成有机系统整体。马克思说："我们得到的结论并不是说，生产、分配、交换、消费是同一的东西，而是说，它们构成一个总体的各个环节、一个统一体内部的差别。"①马克思关于产业资本的三个循环形态，即"货币资本——生产资本——商品资本"的循环过程，更深刻地揭示了经济是一个系统整体的思想。马克思说："没有生产，就没有消费；但是，没有消费，也就没有生产，因为如果没有消费，生产就没有目的。""一定的生产决定一定的消费、分配、交换和这些不同要素相互间的一定关系。当然，生产就其单方面形式来说也决定于其他要素。""消费的需要决定着生产。不同要素之间存在着相互作用。每一个有机整体都是这样。"②马克思和恩格斯还指出："在古代世界，城市连同属于它的土地是一个经济整体"③。"各个单个资本的循环是互相交错的，是互为前提、互为条件的，而

①　《马克思恩格斯选集》第2卷，人民出版社2012年版，第699页。
②　《马克思恩格斯选集》第2卷，人民出版社2012年版，第691、699页。
③　《马克思恩格斯选集》第2卷，人民出版社2012年版，第734页。

且正是在这种交错中形成社会总资本的运动。"①"每一个社会中的生产关系都形成一个统一的整体。"②马克思、恩格斯的这些论述深刻地揭示了整体经济系统的本质联系,并说明经济系统各要素之间互为前提、互为因果、相互决定、互为手段、互为目的的系统整体关系。

马克思的论述表明了这样一些基本思想:一是社会经济是一个有机的系统整体,组成经济系统的诸要素有着不可分割的内在联系,不能重此轻彼。因此,对于社会经济系统这样一个有机的整体,其管理也必须是整体管理。整体管理就是对社会经济系统整体性的管理,即系统的管理、结构的管理、层次的管理。二是社会经济包含着各种生产要素及生产、交换、分配、消费等等环节,是十分复杂的社会大系统,其内在的复杂层次结构,决定了每一层次结构都有其不同的管理要求和管理内容,而这些管理的总和就是对整体多层次、多结构大系统的整体管理。三是整体管理是社会经济系统中最有决定意义的一环,最关键的部分,是社会经济整体发展必然的内在要求。

(二)现代化管理的整体性原理

建设中国特色的社会主义,必须坚持以公有制为主体,由此决定了社会主义经济发展的系统整体性质。社会主义制度的优越性能否充分发挥出来,关键在于建立中国特色的社会主义整体管理体系。

现代化管理,从一般意义上讲是传统管理的对称。它是建立在现代科学技术和高度社会化大生产基础之上的,对整个社会活动所进行的计划、组织、指挥、监督和调控等一系列活动的总称。

现代化管理,首先要求管理思想现代化。摆脱小生产狭隘的传统经营思想,把管理工作立足于先进科学技术和社会化大生产基础之上。

现代化管理,要求管理体制现代化。发展现代化工业,要求从集中化、专业化、协作化、联合化的趋势出发进行科学管理。

① 《马克思恩格斯选集》第 2 卷,人民出版社 2012 年版,第 383 页。
② 《马克思恩格斯选集》第 1 卷,人民出版社 2012 年版,第 222 页。

现代化管理,要求管理方法科学化。采用科学的管理方法和管理技术,广泛运用现代社会科学和自然科学的研究成果。

现代化管理,要求管理手段现代化。建立信息管理系统,使用最优化的数学模型,发挥电子计算机在管理中的作用。从手段和方法上要求做到系统化、数量化、信息化,充分重视人的智力开发等。

根据我国的具体国情,实现经济管理整体化,应遵循以下管理原理:

1. 系统整体性原理。有组织的集群活动所以比个人的力量大,能够完成个人无法完成的任务,其关键在于把分散的个体结合为一个整体——组织系统。管理活动是在组织系统内进行的。由于管理的这种系统特性,决定了必须进行系统整体管理。实行整体管理是管理活动的本质决定的。

2. 经济效用原理。经济学有一个概念叫"稀缺性"(Scarcity)。从发展的观点看人的需要是没有止境的,任何时候都有超过社会所能够提供的资源(包括人的劳动、土地、资金、设备等)的可能。经济学就是要研究如何利用人们所掌握的稀缺的资源去满足需要,怎样用最小的资源投入,得到最大的效益产出,即所谓"最大最小原则",即经济效用原理。如何在生产、交换、分配和消费的过程中作出正确的抉择。

经济效益低,是新中国成立以来经济工作中的根本问题。工业发展速度很高,但国民收入增长并不快,这是最深刻的教训。全面衡量和综合考察经济效益,需要对经济效益进行定量的研究。

(三)管理的有效性原理

所谓有效性就是"一个组织达到既定目标的程序",这个衡量标准,是指在管理中取得的具体效果,而不是看管理人员或职能部门做了多少管理工作。辛辛苦苦把生产搞上去了,但是产品无销路,这不是有效的管理。

美国管理学家杜拉克在《有效的管理者》一书中指出:"不论职位高低,凡是管理者,就必须力求有效。"一个管理者的有效性,与他的智力或知识并非总是成正比的。真正有效的管理者是脚踏实地的实干家。他着眼于整体效益,善于发挥他人之长处,能充分重视人力资源的有效开发,发挥群体的智慧。我们有些单位,往往投入很多,但成效甚微。原因并不全在于客观方面,而往往是缺乏得力的管理人才。因此学会管理的有效性,这是建立整体管理论所必须的。

二、整体管理是社会主义本质要求

整体管理是现代科学管理发展的必然结果。从根本上讲,只有在社会主义制度下,才为现代科学管理向整体管理发展提供了客观社会条件。因此才有可能构成整体管理的社会基础和实践基础。

(一)关于社会主义的本质的认识

对于社会主义及其本质的认识,我们经历了一个长期的探索过程。

十一届三中全会,是我们党历史上又一个伟大的历史转折。其伟大功绩在于结束了党内长期存在的"左"倾路线,把工作重点转移到以经济建设为中心的轨道,重新回到了马克思主义路线上来。

改革的十年,取得了举世瞩目的巨大成就,也积累了丰富的建设社会主义的经验。在总结过去正反两方面经验教训的基础上,在重新认识社会主义的同时,又探索了建设社会主义的基本规律。党的十一届三中全会确立工作重心转移到社会主义现代化建设上来,提出了到 20 世纪的发展战略"三步曲",以及社会主义改革和对外开放的总方针,规定了"一个中心,两个基本点"的基本路线。这既是对具有中国特色的社会主义建设模式的探索,也是对科学社会主义理论在我国具体条件下的继承和发展。

在改革开放的实践中,通过对资本主义和社会主义的重新认识,使我们对二者的根本区别和本质特征有了新的认识。

社会主义的本质特征是生产资料的公有制。过去我们对公有制的理解有简单化的倾向。十一届三中全会以后,我们确立了社会主义经济是公有制为主体的多种经济成分并存的原则。非公有制成分作为对公有制经济的必要补充,这种生产关系的多层次性是适应我国现阶段生产力发展的多层性客观要求。

在分配制度上,坚持在按劳分配基础上的共同富裕原则。现在世界上有两种根本不同的富裕,一种是建立在生产资料私有制基础上的少数人的富裕,这就是资本主义的"两极分化","一边是财富的积累,一边是贫困的积累";另一种是在生产资料公有制基础上的共同富裕。过去把共同富裕等同于同步富裕,其结果导致了共同贫困。党的十一届三中全会以后,通过总结历史经验,党中央提出为实现共同富裕,首先使一部分人、一部分地区富起来,然后带动全社会共同富裕。这是区别于资本主义制度的根本特征之一,也是社会主义制度优越性的具体体现。邓小平同志曾尖锐地指出:如果导致两极分化,改革就算失败了。我们既要坚持社会主义的生产力标准,也要坚持社会主义的根本原则。绝不能只讲标准,不讲根本原则。

(二)整体管理的客观要求

社会主义是人民当家作主的社会,劳动者之间的利益关系,从根本上说是一致的。社会主义社会的生产目的,是为逐步满足全体人民日益增长的物质、文化和环境需要服务的。为达到这一目的,必须加强整体管理,这是社会主义本质的要求。

1. 生产目的和内容是由所有制性质决定的。因此,关于社会主义社会生产目的和社会主义全民所有制企业生产目的的关系,应从社会主义全民所有制的特点入手来分析。全民所有制是统一的整体,具有不可分割性,分割开,就不成为全民所有制了。从这个意义上说,社会和企业的关系就不是同一个水平上的整体与部分的关系。全民所有制不是简单的各个企业所有制的"加和性",全社会范围内的联合劳动者也不是各个企业范围内联合劳动的简单汇总。在全民所有制基础上产生的社会的整体利益是不可能从企业的局部利益中自然引申出来的。在社会主义初级阶段,全民所有制企业是相对独立的经济实体,还有它自身的特殊利益所在。

2. 在社会主义阶段生产社会化还是以分工为基础的。劳动者作为社会全体成员中的个人,还没有得到全面的发展,还不可能摆脱分工所造成的社会的和经济的限制。劳动无论对劳动者个人或集体来说,都还仅仅是个谋生手段。在这样的社会分工体系下,企业这个劳动集体所能实际利用的只能是社会所有的生产资料的一个很小的局部。企业向社会提供产品(或劳动),满足社会和人民的需要。同时又要求占有一部分社会产品,满足自身的需要。这种不同形式和劳动的互换,只能通过迂回曲折的道路,即采取价值的形式来衡量。这样,企业的产品也必然采取商品的形式。各个企业也就作为具有自己特殊利益的相对独立的社会主义商品生产者、经营者而相互对待。

可见,社会主义全民所有制关系表现为一个多层次的占有关系,社会(国家)作为生产资料共同所有者的代表,执行组织和领导经济的职能,占有企业创造的一部分产品。企业作为劳动集体,实际执行生产经营职能,占有余下部分的产品。前者形成社会整体利益,后者形成企业的特殊利益。这样,在社会主义全民所有制经济中就出现了经济利益的多层次性。从经济管理体制上说,这是全民所有制经济中所有权同经营权适当分离的体现。

3. 社会整体利益和企业的特殊利益在社会主义条件下根本上是一致的。在以分工为内容的社会化生产条件下,各个部门、各个企业相互依存、互相联系,客观上要求对整个社会经济活动实行统一的领导和指挥,而社会主义公有制的确立把国民经济各部门、各企业联成一个统一的有机整体。因此,对整个经济实行宏观调节,不仅是保持国民经济统一性的客观要求,也是各个企业进行正常生产经营活动的内在要求。

可见,只有存在社会整体利益的前提下,才谈得上企业自身的特殊利益。社会主义企业必须服从社会整体利益,必须受社会整体利益的约束。把企业的目的看成是谋求自身的利益,或者把生产产品(提供劳动)满足社会或人民的需要,只是看作实现自身利益的一种手段,这是违背社会主义的本质要求的。这就是说,不论从何种意义上说,社会整体利益应高于企业整体利益,企业的一切活动都必须受社会整体利益的约束。这正是建立中国特色的社会主义整体管理论立论的基础。

4. 改革开放以来,经过经济体制改革,在促进社会生产、满足人民需要方面取得了很大成绩。但是,由于管理落后,特别在整体管理上,许多方面是不适应公有制下的社会化大生产要求的。

党的十三大指出,要实现我国国民生产总值翻两番的目标,"必须坚定不移地贯彻执行注重效益、提高质量、协调发展、稳步增长的战略。"坚持走质量效益型发展道路是 20 世纪 90 年代我国经济起飞的关键,是我国经济发展实现三步战略目标、实现现代化的基本保证。

（三）毛泽东的整体管理思想

毛泽东早在新中国成立前夕就提出了学会管理城市和建设城市的重要性。他在党的七届二中全会上指出:"从现在起,开始了由城市到乡村并由城市领导乡村的时期。党的工作重心由乡村移到了城市。……但是党和军队的工作重心必须放在城市,必须用极大的努力去学会管理城市和建设城市。"①

第一毛泽东管理思想的形成。

1956 年,毛泽东指出:社会主义革命的目的是为了解放生产力。1957年初,又指出:革命时期的大规模的疾风暴雨式的群众阶级斗争已经基本结束。我们的根本任务已经由解放生产力变为在新的生产关系下面保护和发展生产力。他号召全党把工作重心适时地转移到经济建设和技术革命方面来。新中国成立初期,我们争取了主要来自苏联的援助,由于缺乏经验,在经济建设方面,较多地照搬了苏联的做法,在一些方面和少数同志中,也产生过某种教条主义。毛泽东对这种倾向十分警觉,在《论十大关系》等著作中总结了学习苏联的经验教训。他鼓励广大干部要敢于创造自己的独特经验,走自己的路。他提出了一系列正确的处理问题的方针,尤其是创造性地提出,在以发展重工业为中心的同时,必须充分注意发展农业和轻工业,以及由此而来的一系列两条腿走路的方针。毛泽东对"中国工业化的道路"的构想和阐述,为后来提出"建设有中国特色的社会主义"的命题奠定了良好的思想基础。

毛泽东在研究中国的社会主义建设问题时,总是以制度本身和人的作用两者并重。在他看来,任何制度,包括社会主义制度在内,都不是尽善尽美,总不免有这样或那样的缺陷与弊病。他认为,虽然社会主义制度有很大

---

① 《毛泽东选集》第四卷,人民出版社 1991 年版,第 1427 页。

的优越性,虽然制度是带根本性的,但制度不是万能的,有了好的制度,还要人们善于运用,才能使制度的优越性得到充分的发挥。基于这一认识,他对社会主义制度的一些主要环节上存在的问题及其改革方向进行了思考,提出了从生产关系到上层建筑一系列调整和改革的设想。比如,在所有制问题上,他并不主张清一色的公有制。在分配方面,指出社会主义国家分配制度必须兼顾国家、集体和个人三方面利益;个人与个人之间要"多劳多得、承认差别"。在行政管理体制方面,鉴于权力过分集中于中央而带来的弊端,在1957年党的八届三中全会上曾建议讨论决定对工业、财政、商业体制下放。同年9月,又亲自领导了权力下放的实施,成为我国社会主义体制改革史上有意义的尝试,也体现出他的整体管理思想的初步形成。

随着我国社会主义建设事业的发展,他的管理思想逐步成熟,系统地论述了依靠工人阶级办企业,干部参加劳动,工人参加管理,改革不合理的规章制度,实行工人、干部和技术人员"三结合"式的民主管理,产品好、成本低是企业行政、党团、工会三位一体的共同任务,生产要有精密的计划,价值规律是一个大学校,勤俭办厂,建立核算制,工厂企业化,按劳分配,物质与精神鼓励相结合,在职工中大力加强思想政治工作等管理问题。毛泽东常说,把全国经济看作一盘棋,更深刻地概括了经济是一个整体的思想,以整体管理取得整体效益的思想。

毛泽东的管理思想概括起来有十个方面:

(1)全心全意为人民服务的管理思想;

(2)依靠群众和群众路线的管理思想;

(3)领导与群众相结合的管理思想;

(4)充分发挥人的积极性和创造性的管理思想;

(5)一般与个别相结合的管理思想;

(6)民主与集中对立统一的管理思想;

(7)自由与纪律对立统一的管理思想;

(8)充分重视领导影响力的管理思想;

(9)统筹全局的管理思想;

（10）一切从实际出发的管理思想。

上述管理思想中的一个核心，就是整体管理思想。正像钱学森同志在1990年12月31日《人民日报》发表的《要从整体上考虑并解决问题》一文中谈到的"实际上，毛泽东思想的核心部分就是从整体上来认识问题，把握住它的要害。我想这也可以说是我们党这么多年来领导中国人民进行革命所积累的经验。也可以说，中国革命所取得的这样一个巨大的成绩确实是了不起的。我们这些经验，经过老一辈革命家的总结，凝结成为毛泽东思想，这就是我们最宝贵的财富。而这样一个哲学思想恰恰正是指导我们研究复杂问题所必需的。"毛泽东思想是我们研究有中国特色的社会主义整体管理论重要的理论基础。但令人十分遗憾的是，由于种种原因，这种思想并没有具体运用在管理上。因而形成了管理思想先进而管理方式却十分落后的矛盾状况。

社会主义公有制是劳动者直接与生产资料有机结合，生产的社会财富又是供给全社会使用。也就是说，具体的生产过程是把国家利益、集体利益和劳动者个人利益有机结合起来，这是社会主义生产过程的本质要求。要使社会主义公有制显示出巨大的优越性，就要对社会资源、生产力要素、社会产品进行整体管理，来产生尽可能多的社会财富。社会主义的生产目的、生产手段、生产结果都需要通过整体管理来实现社会主义的整体效益。社会主义的全部理论基础的核心，就是要通过整体管理实现全社会的整体效益。

第二，毛泽东关于学习、借鉴国外经验的正确态度。

毛泽东是中国人民的卓越领袖，又是社会主义改革运动的伟大先驱者。为了使中国尽快成为一个社会主义现代化强国，他曾对中国的建设道路和怎样才能管理好国家等问题作过长时间的艰辛探索。在探索过程中，有过许多天才的构想和精湛论述，也有过某些错误的判断并在实践中造成了难以挽回的损失。

早在新中国成立前夕，毛泽东就满怀信心地指出：中国的建设和如何管理国家的问题可以即日成功。然而，毛泽东并不是一个盲目的乐观主义者，他对于中国经济遗产的落后和文化素质的低下也同时作了充分的估计,他认为:中国有两个缺点,同时又是两个优点,二者是相互贯通的。第一个是中国过去是殖民地、半殖民地,历来受人欺负,工农业不发达,科学技术水平低,管理落后,除了地大物博,人口众多,历史悠久,以及在文学史上有部《红楼梦》等等以外,很多地方不如人家,骄傲不起来。第二个是中国的革命是后进的,到1949年才取得革命胜利,比苏联十月革命晚了三十几年,在这点上,也轮不到我们来骄傲。根据上面分析,毛泽东又进一步把中国的经济遗产和文化遗产落后的状况概括为一穷二白,人们牢牢记住这一点,才能警钟长鸣。所有这些论断,对于我们正确地估计中国社会主义建设的现状和历程,具有普遍的深远的意义。因为落后,必须向国外学习。他说,苏联建设中取得的成功经验、社会科学、马克思列宁主义、斯大林讲得对的那些方面,我们一定要继续努力学习。然而,苏联的短处、缺点当然不要学。扩而大之,一切民族、一切国家的长处都要学习,包括政治、经济、科学、技术、文学、艺术等等,"但是,必须有分析有批判地学,不能盲目地学,不能一切照抄,机械搬运。他们的短处、缺点,当然不要学。"他还指出:"外国资产阶级的一切腐败制度和思想作风,我们要坚决抵制和批判。但是,这并不妨碍我们去学习资本主义国家的科学技术和企业管理方法中合乎科学的方面。工业发达国家的企业,用人少,效率高,会做生意,这些都应当有原则地好好学过来,以利于改进我们的工作。"①

关于学习外国问题,毛泽东在听取重工业口各部汇报时就指出,一切国家的先进经验都要学习。要派人到资本主义国家去学技术,不论英国、法国、瑞士、挪威,只要他要我们的学生,我们就去嘛!学习苏联也不要迷信,对的就学,不对的就不学。苏内务部不受党领导,军队和企业实行"一长制",我们就不学。"一长制"这个名词有些独裁。过去苏联有电影部,没有文化部,只有文化局,我们相反,有文化部,没有电影部,只有电影局。有人就说我同苏联不一样,犯了原则错误,后来,苏联也改了,改成跟我们一样:

———————

① 《毛泽东文集》第七卷,人民出版社1999年版,第43、93页。

设文化部、电影局,取消电影部。苏联原来男女分校,讲起利益之多不得了,可现在又要男女同校。所以学习苏联也得具体分析。我们搞土改和工商业改造,就不学苏联那一套。陈云同志管财经工作,苏联的有些东西,他也不学。总之,要打破迷信,不管中国迷信还是外国迷信。我们的后代也要打破对我们的迷信。因此,在马克思主义的指导下,学习和借鉴国外一切先进的管理经验使之与我国的具体国情有机地结合起来,创建中国特色的社会主义整体管理理论,是建设中国特色的社会主义的重要组成部分。

三、整体管理出整体效益

整体经济需要整体管理,整体管理产生整体效益。马克思指出,"在这里,结合劳动的效果要么是单个人劳动根本不可能达到的,要么只能在长得多的时间内,或者只能在很小的规模上达到。这里的问题不仅是通过协作提高了个人生产力,而且是创造了一种生产力,这种生产力本身必然是集体力。且不说由于许多力量融合为一个总的力量而产生的新的机械力量。在大多数生产劳动中,单是社会接触就会引起竞争心和特有的精力振奋,从而提高每个人的个人工作效率。因此,12个人在一个144小时的共同工作日中提供的总产品,比12个单干的劳动者每人劳动12小时或者一个劳动者连续劳动12天所提供的总产品要多得多。"[1]许多人协作,许多力量融合为一个总的力量,用马克思的话来说,产生"'新力量',这种力量和它的单个力量的总和有本质的差别。"[2]马克思这段论述揭示了经济是一个有机的整体,整体经济要靠整体的管理,整体管理产生新的生产力,即大于各部分简单加和的一种集体力。这种集体力是物质与精神的综合力,通过有效整体管理可以产生超过局部效益简单加和几倍、几十倍的整体效益。社会经济系统的各种生产要素和生产、分配、交换、消费诸环节通过整体的管理,才能

---

① 《马克思恩格斯全集》第42卷,人民出版社2016年版,第332页。
② 《马克思恩格斯全集》第26卷,人民出版社2014年版,第134页。

产生整个社会巨大的集体力,才能获得巨大的整体效益。当然,各种要素的结构是不同的,功能也是各异的。我们分析研究综合诸要素结构与功能,就形成了经济学的多层次性。如宏观、中观、微观经济学,专业经济学、部门经济学等等,而联系这些要素的纽带或者说阐述这些要素的相关性、联系性,就是整体管理论或是整体效益管理论。整体经济、整体管理、整体效益具有一致性和同一性。整体管理理论就是把社会主义经济建设作为一个有机的系统整体,通过相对应的系统整体管理手段,达到整体经济系统的整体效益,进而促进经济技术社会整体协调的发展。

对于管理(Management)一词,通常理解为"经营管理"。对企业来说,管理的任务包含经营和管理两个方面。经营主要解决企业全局性和战略性问题,如确定企业的发展方向、经营方式、产品类型和新产品开发、销售方式和渠道等;狭义管理主要解决战术性、日常业务性的问题,即运用组织、计划、协调、控制等手段,高效率地利用人力、资金、设备、原材料等发挥最大的经济效果,以实现企业的经营目标。

但是,随着现代科学技术的发展,市场竞争加剧,那种原来偏重于对生产执行过程的控制逐步趋向于偏重于企业的经营。即经营方向偏了,管理的效率越高企业的损失越大,甚至危及企业的生存。由此可以领悟到:现代科学的进步,专业化和联合化的发展,必然伴随着"管理"内涵的扩展和升华为广义的管理,即将管理、现代管理理解为整体管理。因此,整体管理包含着经营战略的选择、管理目标的确定、组织结构和程序的设计、人才的选拔和任用、目标考核与奖惩以及经营成果的鉴定和评价等等,体现出整体效益来自整体管理,这就是为现代科学发展所证明的"管理是生产力"的道理。从"两个车轮"的关系也可以说明,缺乏整体管理的思想和理论,先进的科学技术也不能很好地应用与推广,它作为推动社会发展的"最高意义上的革命力量"的作用也不能充分发挥。

改革开放以来,我国引进了不少新技术、新设备,但往往不能生产出完全合格的产品,或者不能充分发挥生产能力。原因并不是掌握不了生产技术,而是缺乏整体管理的思想和理论。特别表现在引进工作中的盲目重复,不分轻重缓急，不从实际出发等弊端，造成大量人力、资源、财力的浪费，更是由于缺乏整体管理造成的。

与国外先进水平相比，我国工业生产技术固然落后，但是管理水平更加落后。据一些经济学家估计，我国工业的某些部门在技术上相当于日本1970年的水平，落后于日本近20年，但在管理上我们只相当于日本1960年的水平。这种估计不一定准确，但不能不承认我们的管理水平相对落后这个客观现实。例如，我国目前拥有的金属切削机床在数量上和美国差不多，生产能力也很大，也有一批很强的工艺技术力量，但由于专业化协作程度低，新产品研究试制工作薄弱，产供销结合不好，产品的标准化、系列化、通用化和质量管理搞得不好，因此，我国的机械工业仍处于相对落后状态。我国当前最主要的问题是管理问题，特别是整体管理水平较低。不解决这个问题，技术进步就缺乏内在动力，有了好的科技成果也不能有效地推广使用，对科技人才的作用也得不到充分的发挥。

国际上一切有成就的管理科学家都十分重视企业的经营活力问题。日本著名经营管理学家土光敏夫就是其中之一。他所著的《经营行动方针》一书中，关于企业经营活力的重要性有如下要点：

一是经营活力与目标。为使企业充满活力，必须制定科学的规划，明确企业的奋斗目标。目标有两种：一是企业本身的目标；二是谋求职工利益的目标。为使职工理解并支持企业的目标，必须同时制定出企业的成果将如何分配给职工的目标。把企业的目标与职工的目标结合起来，以激励职工的积极性，企业的经营就会充满活力。

二是企业活力的来源。真正有活力的企业，是内部相互信赖的企业，妨碍各部门之间相互信赖的精神上的原因，在于缺乏一种"协同思想"，"协同思想"乃是一种高级的精神活动。现代企业的协同行动，有相当的机动能力，不论客观情况有何变化，都有较强的适应能力。

三是企业活力与挑战精神。就企业而言，必须有一批面临变化能及时进行挑战的机动力量。组织固定化并不一定是好事。我们需要的是那种先于变化并创造变化的企业。

　　四是关于经营管理人员的活力。活力不光是指人的干劲,而且还需要智力。知识与智力是重要的。然而对活力来说,智力是必要条件,但不是充分条件。充分条件就是使智力变为成果的行动力。构成行为动力的主要因素是:毅力、体力和智力。所有这些条件,才能形成活力的现实力量。

　　五是企业活力与决策勇气。要前进就会有风险。然而,保守的、消极的行动实际上包含着更大的风险。无所作为,错失良机,常常会失去更大的利益。这就是所谓"机会损失",即丧失了如果早些行动本来可以得到的利益。从这个意义上讲对一个以私有制为基础的社会来说不可能真正做到整体管理。但从微观角度讲,上述要点说明,企业的真正活力,确是来自整体管理。整体管理必然带来整体效益。

　　整体效益论是关于把社会经济的诸要素看作是一个系统的整体。社会经济系统整体的诸要素优化组合产生工作的高效率,并能够以较小的社会劳动耗费,取得较大的整体效益的理论。整体效益的取得过程,不仅有要素自我的素质高低,结构优劣等因素问题,而且还有时间效能、空间条件等因素问题,这些问题的解决过程就是整体管理过程。整体管理体现在对经济整体诸要素进行科学计划,合理组合,有效运转,并使其在结构上优化,布局上合理,比例上得当,才能产生高效益。这里的效益指的是社会效益、经济效益和生态效益的有机统一,是一种不断满足人们日益增长的物质、文化、环境生活需要的系统综合效益。研究和掌握整体效益论原则,对于深化改革,优化改革,优化结构,理顺关系,提高效益,实现国民经济持续稳定协调的发展具有重要的理论与实践意义。

四、整体管理与乘数——加速原理

　　马克思指出:"生产力特别高的劳动起了自乘的劳动的作用"①。马克思在这里主要指出了在技术进步与科学管理的作用下,劳动生产效率能以

① 《马克思恩格斯选集》第2卷,人民出版社2012年版,第204页。

乘数或加速数的速度增长。这是马克思最早提出有关乘数——加速原理的思想。

乘数——加速原理是对马克思关于整体效益与自乘劳动作用理论的有力佐证。乘数——加速原理是由乘数原理和加速原理综合起来的统称。1917年美国经济学家克拉克首先提出经济发展的加速原理。1936年后，人们发现加速原理与凯恩斯的乘数原理相结合后，更好地、能动地反映经济运行的整体效益性。1939年美国经济学家汉森和萨缪尔森把两个原理结合起来，建立了汉森—萨缪尔森模型。该模型更生动地证明了马克思的"不同要素之间存在相互作用，每一个有机整体都是这样。"这一原理，还具体阐明了马克思关于"自乘"劳动的作用。并通过数学论证了社会经济系统整体在通过科学有效的管理形成整体大于局部简单之和的结果，即产生整体效益。乘数——加速原理是一个双刃利剑，正反两个方向都起作用。它的优化过程是一个多层次的渐进程序，它是一个不断积累起来的离散数值之和，由此而产生良性的经济循环与恶性的经济循环。如果能够使乘数——加速原理起负熵作用，就必须解决经济活动中的"瓶颈"问题，解决经济结构中合理与否的管理问题。马克思关于产业资本三种形态，正是产生乘数——加速原理的基础，也是整体效益管理论的理论基础之一。

一是乘数——加速原理实际上揭示了整体效益规律，它包括一切经济范畴。乘数——加速原理研究的对象是经济现象中的消费、投资、收入之间的相互依赖、相互影响、相互作用和相互调整的系统辩证关系。消费支出的变动比如自发投资，通过乘数和加速数的相互作用，投入或产出就会自动形成扩张——收缩的周期性波动。这种经济波动现象就是乘数——加速原理有机结合所产生的整体效应。这个效应不管是资本主义还是社会主义，只要有收入、有消费、有投资，乘数——加速原理就以规律的形式起作用。社会主义是有计划的商品经济，它应当更自觉运用这一经济发展的客观规律，为社会主义经济发展服务，作为整体管理理论就是要揭示这些原理，并在管理系统中加以自觉运用。

二是乘数——加速原理为预测经济发展波动周期提供方法论。经济波动因素(在剔除政治与社会因素外)主要取决于乘数、边际消费倾向、加速数值、投资的额度等因素,它意味着在经济波动面前,政府对经济进行有效干预时,就要通过鼓励或抑制消费——调节物价——影响边际消费倾向——消费倾向——控制利率——调控投资数额与方向——刺激提高生产力等,这样就能使经济周期谷峰减缓。也就是说,在经济不景气时,充分运用乘数原理,在经济过热时,充分运用加速原理,使经济整体优化协调发展。乘数——加速原理的实际意义就在于为社会主义制定经济政策进行宏观经济管理提供了理论依据。

三是乘数——加速原理在经济系统管理中具有普遍的意义。该原理除引用于国民收入——投资——储蓄——就业等方面的实践工作外,在金融工作中货币供给乘数;在政府支出能使国民经济增加的函数关系,叫政府支出乘数;在描述经济中投资的永久变化所引起的均衡收入的变化,叫均衡乘数;在描述由于目前投资的一次性变化造成的国民收入在目前或将来的累计变化,叫作积累乘数或投资乘数;还有对外贸易乘数等。乘数——加速原理在经济工作范围内,一般能起到预测作用。现代经济管理已进入科学化管理阶段,尤其注重量化分析,在量化中进行管理,乘数——加速原理为经济管理系统提供较为科学的量化指标,即确定经济波动幅度的上下极限,不致使经济无限度的增长或无限度地坠入深渊。

四是乘数——加速原理只是揭示了经济要素数量变动关系。它并没有进一步揭示这种乘数——加速数为什么会存在的更为深刻的社会内在机制和动因。经济发展中的乘数——加速数现象是社会生产力与生产关系相互运动的一条重要原理。人类经济、技术、社会发展和加速现象,其本质是生产力诸要素整体优化效益连锁作用的结果。没有经济范围诸要素的有机结合,就不会有经济发展的乘数与加速原理。所以我们认为,经济的、技术的、社会的诸因素最优化的结合,形成的整体效益,是乘数——加速数现象存在的根本原因。我们研究乘数——加速原理的结论是:整体管理效益体现乘数——加速原理。

经济发展的整体效益,是指整个社会经济的诸要素通过整体优化结构,使经济发展呈现出指数函数的趋势。也就是说,经济结构越优化,经济发展指数沿正效益方向发展;相反,经济结构不够优化,甚至结构无序劣化,经济发展指数沿负效益方向发展。从这里不难看出,经济结构优化问题是经济发展指数起作用的根本基因。在经济结构优化自身中,自组织、自管理、自催化,又是经济结构优化的内在机制。简而言之,科学管理是经济结构优化的首要原因,因为自组织、自管理、自催化,都需要经过科学管理实现。于是形成这样的逻辑形式:乘数和加速原理——经济结构优化——科学管理,或者经济整体——整体管理——整体效益。我们把这个三段式称为整体效益理论。为什么经济发展会使管理趋向科学化,结构趋向整体优化,效益呈现出乘数——加速数的现象,究其原因主要有以下几点:

一是人类社会财富的积累与综合,从而使整体效益趋向指数发展。人类社会具有物质财富和精神财富的相继性,今日的财富都是历史的继承与今日的创造。这种财富积累过程,使人类有可能形成最大限度地经济发展能力的储备,这种财富的综合过程,使人类社会有可能形成最大限度地技术与管理能力的集中。这种物质、技术、管理等方面的继承与积累,构成了以往社会所不具有的整体优化质态,它使经济效益能够几倍、十几倍、几十倍地以指数函数向前发展。资本主义社会是这样,社会主义社会是这样,高级人类社会也是这样。对现有经济结构的改革、调整与提高,把多项科技成果系统综合成一种新的生产力,对经济发展诸要素进行系统管理等,都是人类社会物质与精神财富积累与综合的结果,这种积累与综合势必要使整体效益趋向指数发展,这就是推动人类历史前进的"合力"作用。

二是科技力量的飞速发展,使整体效益趋向指数发展。除去人类对历史科技成果继承外,目前科技队伍加速发展,科研人员以 10 年为周期则翻一番。劳动者是经济发展中的能动性作用的主体,科技队伍的增加就使得经济主体的能动作用大大加强,使社会生产力的发展速度大大加快,这样就会使整体效益趋向指数发展。尤其是尤里卡、硅谷、高科技开发区的兴起,使科技人员有机结合起来,产生了科技密集效应和整体攻关的放大作用。

三是科学管理的迅速推广与完善,使整体效益趋向指数发展。现代化的经济建设必须要有现代化的科学管理,只有科学管理才能把物质流、能量流、信息流按照优化的结构,适宜的规模,合理的空间,有效的时序等组成有机系统整体,使"整体大于它的各个部分之和"。马克思从质和量上反复比较了整体和部分之和的本质差别,指出 12 个人在 12 小时共同劳动的能力,大于 12 个人各自劳动 12 个小时通力的总和。一个骑兵团的冲击力大于该团骑兵分散冲击力的总和,协作产生新的生产力等。而把劳动者——劳动工具——劳动对象——科技力量,以及生产——交换——分配——消费有机结合起来,就要靠管理。管理像一条有力的纽带把经济诸要素有机结合在一起,形成一个系统整体,它便产生整体效益,使经济趋向指数发展。所以,我们把乘数——加速原理也作为整体管理论的理论基础之一来研究。

第三节　整体管理在公有制中的决定意义

在看到物质生产中管理的普遍性的同时,还必须看到管理的另一重要属性,即人类社会生产和管理中总是体现着在社会上占统治地位的阶级的意志。在资本主义私有制社会中,劳动者与生产资料被彻底分离,这时管理的本质是驱使劳动者与生产资料结合,为资本家阶级生产更多的剩余价值。科学有效的管理可使具体的生产过程合理优化,产生效益,通过整体管理可以减轻"社会化大生产与生产资料资本家私人占有"这一资本主义制度固有的基本矛盾。

在社会主义公有制下,全体劳动人民当家作主,真正成为生产资料的主人,这样在全社会范围内都可以通过劳动者能动的、自主的与生产资料相结合,产生比资本主义更高的生产力,然而这仍然是一种可能性,也就是说,它的实现必须通过科学的有效的管理。社会主义公有制为科学管理开辟了广阔发展的领域和前景,这时的科学管理不仅使具体的生产过程和整个社会再生产产生更高的效益,而且可以从整体上推进社会主义制度的完善发展。如果不实行有效的科学管理,就不能有效地完成社会主义物质基础的再生产,也就谈不上社会主义公有制的存在和发展。因此,我们可以说没有现代化的科学管理,也就没有现代化的经济建设。即使有了优越的社会制度,有了先进的生产设备,有了社会主义公有制,充其量也只是提供了一种客观的可能性,可是要使这种可能性成为现实性,那就要通过科学的管理。没有使生产力要素实现整体优化的科学管理,也就不可能发挥出生产力的巨大作用。这就是说,有效益的劳动可以增加财富,扩大所有权,无效的劳动将缩小甚至丧失所有权,减少财富。所以,关键是如何管理,正如马克思所说的:"劳动=创造他人的所有权,所有权将支配他人的劳动。"①可见科学有效的管理在推动物质再生产的同时推进着社会主义公有制的再生产。从这个角度上讲,科学有效的管理对巩固和完善社会主义制度具有决定性的意义。

一、整体管理是公有制主体的基本职能

人类社会的发展经历了大约二三百万年的历史。作为维持人类生存的基础——物质资料生产和再生产的手段的管理科学,其产生和发展与社会生产的产生和发展有着密不可分的关系。马克思说过:"一切规模较大的直接社会劳动或共同劳动,都或多或少地需要指挥,以协调个人的活动,并执行生产总体的运动——不同于这一总体的独立器官的运动——所产生的各种一般职能。"②这种"需要指挥,以协调个人的活动"的"一般职能"就是管理。管理在其发展的各个历史阶段本质是不同的,无不打上生产关系变革和生产力发展的烙印。

在资本主义社会,随着社会生产的发展,生产分工越来越细,生产的社会化程度越来越高。因此,社会生产的各环节、各部门之间的联系也随之越加紧密,社会生产的组织也就更加复杂,这样一个庞大的社会生产体系,客观上要求整体管理。但在资本主义社会中,生产资料归少数资本家私人所

---

① 《马克思恩格斯全集》第 30 卷,人民出版社 1995 年版,第 192 页。
② 《马克思恩格斯全集》第 42 卷,人民出版社 2016 年版,第 337 页。

有,为了追求更多的剩余价值,每个资本家都非常关心自己企业的经营,努力采用先进的管理方式和手段,改进完善生产的组织过程。因此,就具体的资本主义企业来说,资本家是能够管理、并管理好的,但这种科学有效的管理可以使生产过程合理化,产生效益,但不能超越资本主义固有的矛盾。生产资料的资本家私人占有,使得互相联系、互相制约的社会经济各部门和各企业被割裂开来,使得整个资本主义经济处于无序状态中,对社会经济的整体管理无从实现。因此,在资本主义社会只有一般的管理、局部的整体管理,而没有对社会经济的整体管理,或者说,没有真正的、彻底的整体管理。

社会主义经济是建立在生产资料公有制基础上的社会化大生产,全体劳动人民既是劳动者,又是生产资料真正的主人。公有制使整个社会经济成为一个系统整体,这样在全社会范围内都可以通过劳动者能动的、自主的与生产资料结合,产生比资本主义更高的生产力。然而这仍然只是一种可能性,也就是说,它的实现必须通过科学的、有效的管理。社会主义公有制为整体管理开辟了广阔发展领域,这时的整体管理不仅使具体的生产过程和整个社会生产产生更高的效益,而且可以从整体上推进社会主义制度的完善发展,如果不实行有效的整体管理,就不能有效地完成社会主义物质基础的再生产,也就谈不上社会主义公有制的存在和发展。可见科学有效的整体管理在推进物质再生产的同时,推进着社会主义公有制的再生产,从这个角度讲,科学有效的整体管理是公有制主体的基本职能,是社会化大生产的客观要求与社会主义生产资料公有制双重机制作用的必然结果。

整体管理在以公有制为主体的社会生产形式下具有三重含义:

其一,表示管理主体的整体性。在阶级社会的生产中,管理总是体现着在社会上占统治地位的阶级的意志。在资本主义私有制社会中,劳动者与生产资料被彻底分离,这时管理的本质是驱使劳动者与生产资料结合,为资本家创造更多的剩余价值,因此,在资本主义私有制条件下,管理只代表极少数资本家的利益,是资本家剥削广大劳动者的手段。在社会主义制度下,实现了生产资料公有制,全体劳动人民在物质资料生产过程中具有双重的身份,既是生产资料的所有者,又是劳动者。管理者与劳动者的根本利益是一致的，管理的目的是满足人民日益增长的物质、文化生活和环境的需要。因此，在公有制主体的条件下，管理所代表的利益主体被赋予了整体的物质利益。

其二，表示管理对象的整体性。社会主义市场商品经济是个系统整体。要使这样一个庞大的系统整体运行起来，必须对这个系统中每个部门、每个领域、每个环节、每个层次实行系统有效的管理。社会主义的经济系统从内容上看包括：工业、农业、交通运输、邮电、商业、金融业等部门；从再生产过程看，包括生产、分配、交换、消费各环节、各领域；从所有制形式看，有作为公有制主体形式的全民所有制经济和集体所有制经济，还有作为社会主义公有制主体的补充形式的中外合资、合作企业、独资企业和国内私营经济和个体经济。由于建立了在以公有制为主体基础上的社会化大生产，就可能对这个庞大系统的各个环节、各个领域、各个部门、各个层次进行全面、有效、科学的系统管理。因此，在公有制的形式下，整体管理的对象具有对整体社会经济的涵盖性。在资本主义制度下，由于生产的社会化和资本主义私人占有的矛盾，管理的触角只能延伸到资本主义企业的内部，整个社会经济的整体管理是微弱的，凯恩斯虽然提出了宏观经济理论，但只是缓和了资本主义的经济危机，并没有解决资本主义的滞涨问题和分配不公等问题。

其三，表示管理方式的整体性。整体管理的管理主体与管理对象的整体性决定了管理方式的整体性。整体管理方式从管理层次上看有宏观管理、中观管理、微观管理、超级管理；从管理手段上看有计划统筹管理、经济杠杆调控管理、法规刚性约束管理、政策弹性指导管理等。整体管理方式上的日趋完善将是一个渐进的过程，一个永远趋向完善的近似值。随着这个过程的实现，整体社会的综合经济效益将得到最大的提高。

在这里有必要说明的是，整体管理并不意味着主张恢复过去在产品经济条件下那种僵化的、封闭的、高度集中的统一管理模式。在社会主义初级阶段，由于社会生产力发展的局限，所有制形式也呈现其多样性，形成了以公有制为主体、多种经济形式并存的发展格局。商品并没有、也不可能退出历史舞台，而是在社会主义市场经济的宏观指导下，在生产、分配、交换、消费等各个领域、各个环节,发挥着越来越重要的作用。社会主义市场体系正在逐步发育、成熟、完善。在有计划商品经济条件下,社会经济系统越来越具有开放性、复杂性、多样性的特征。适应这种情况,整体管理也将是个开放的系统,是适应有计划商品经济需要的、充分合理的管理体系。整体管理将使地方和企业拥有相当大的自主权,能最大限度地发挥其积极性,但又不是完全放任自流。国家在宏观上利用各种手段进行管理,有效地消除种种能够引发经济领域中出现的无序状态的原因,保证经济顺利发展。

二、整体管理与综合平衡

综合平衡的过程就是对国民经济进行整体管理的过程,是实现国民经济的持续、稳定、协调发展的基础。社会经济是一个系统整体,它的各个环节、各个领域和各种要素之间,是相互依存、相互制约,有一定的数量关系。对社会经济进行综合平衡管理,就是要对它的各个环节、各个领域和各个要素之间在发展经济过程中所出现的矛盾和不平衡进行全面调节,使之达到相对动态平衡。

综合平衡不是对社会经济的某些相关数据的机械地加和平衡,而是以系统辩证思维为指导,用整体管理的方法对社会经济系统进行系统管理。基本平衡是稳定发展的先决条件,整体管理的任何缺口、国民经济各项比例关系的严重失衡,都会牵一发而动全身,在经济领域引起极大的混乱,国民经济持续、稳定、协调发展将成为一句空话。

在对社会经济进行整体管理中,需要注意以下几个平衡量的关系:一是国民收入生产及最终使用的平衡——财力平衡。它是从价值形态上考察国民收入在生产、分配及运动过程的总量平衡,它直接关系到经济社会的发展和人民物质文化生活的提高,体现着国家经济发展的战略意图。二是社会总产品的产需(或供求)平衡——物力平衡。它是从实物形态来考察社会产品的生产、分配和使用的运动过程的。对于合理确定产业结构、产品结构具有非常重要的意义。三是社会劳动力资源和需要的平衡——人力平衡。

它的目的在于合理分配和利用劳动力资源,从数量、结构、素质上满足社会生产对劳动力的需求,达到劳动力供需的基本平衡。四是人力、物力和财力的统一平衡。人、财、物是社会生产不可缺少的要素,三者的平衡是互相联系、互为条件的,所以各自的平衡不能孤立进行,应做好人力、物力、财力的统一平衡。宏观总量平衡的本质是国民经济整体管理的发展过程。

在综合平衡工作中,应注意以下几个问题:

一是大力提高经济效益。效益差是我国经济的痼疾。虽然经济工作要以提高经济效益为中心讲了多年,实际上这些年来我国经济的发展基本上还是粗放的产值速度型。工业盲目投入和低水平的重复建设,依然相当普遍地存在着。地区产业结构趋同,且向粗放型倾斜,造成了有限资源的浪费。我国人均资源相对贫乏,又面临着资金短缺、基础工业和基础设施落后等诸多矛盾,不论从近期治理整顿的要求还是从长远发展需要来说,都必须走提高经济效益之路,从提高效益中求增产,从提高效益中求节约,从提高效益中求速度。广义地说,提高经济效益实际上是提高整体经济增长的质量。因此,中共中央《关于制定国民经济和社会发展十年规划和"八五"计划的建议》指出,应把提高经济效益放在十分突出的地位。在确定20世纪实现第二步战略目标的基本要求时,明确规定要在大力提高经济效益和优化经济结构的基础上实现翻两番,在确定90年代经济建设的基本指导方针时,明确规定要"始终把提高经济效益作为全部经济工作的中心",在阐明治理整顿和经济发展的关系时,再次强调"任何时候都必须坚持以提高经济效益为中心"。

二是围绕提高社会综合经济效益进行综合平衡。综合平衡不是为平衡而平衡,目的是通过平衡保证经济稳定发展,提高社会整体经济效益。

三是在综合平衡过程中要突出重点、兼顾一般。突出重点,就是要寻找能带动我国经济起飞的突破点,保证这些重点行业、重点项目、重点地区的发展,把有限的人力、财力、物力用在刀刃上。但也要照顾一般,只有这样,才能使经济建设得以顺利协调进行。

四是在用整体思想进行综合平衡的过程中,要善于发现国民经济中的薄弱环节,加强整体管理,消除经济发展隐患,促进国民经济各环节的正常运转。

三、整体管理与社会资源优化配置

整体管理是手段,目的是通过对社会经济的整体管理,促进人力资源、物力资源、财力资源、自然资源在国民经济各部门、各企业和在生产、分配、交换、消费再生产各环节的优化配置,进而优化产业结构,发挥综合经济优势。首先,整体管理要启动生产要素在各企业、各部门之间合理流动,使闲置的人、财、物发挥作用;其次,整体管理要促使生产力合理布局,社会资源的配置要有全局观念、效益观念、系统观念,要围绕各地、各部门、各企业的特定优势,进行系统综合优化配置;最后,在整体管理中要有发展的眼光,对一些有发展前途的行业、企业实行重点扶持,增加国民经济发展的后劲,谋求未来的快速发展。

在整体管理中,对于社会资源的优化配置,需要注意以下几个问题:

一是改变重工轻农思想。整体管理要求切实做好农业这篇大“文章”。要深刻理解“农业是国民经济的基础”,也是我国现代化建设的基础,加强对农业的投入,各行各业都要树立“支农”意识。它不仅关系到全中国人民的吃饭问题,而且直接关系着国家的安定团结和经济形势的好坏。要改变长期以来重工轻农的倾向,深化农村改革,促进农业现代化建设。

二是投资的重点制约着国民经济发展的瓶颈产业倾斜。能源、原材料工业、交通运输、邮电通信等基础产业是我国经济发展的薄弱环节,这些行业投资周期长、投资额大、见效慢,长期以来发展迟缓,严重地制约着国民经济发展。今后,要合理调整社会资源在这些部门的比重,适应国民经济发展,突破瓶颈效应。

三是强化传统产业的自我发展能力。传统产业有丰富的生产经验,较强的科研技术力量,但老企业多、负担重、设备比较陈旧、更新慢,所有这些问题都严重影响着传统产业的发展。对此,应围绕传统产业的特定优势,进行适当的增量配置,促使传统产业进行挖潜、革新改造,在将来经济发展中焕发出新的生机和活力。

四是发展高新技术产业是历史赋予我们的重任。当今世界经济的竞争,突出地表现在高科技竞争中,新技术产业的发展方向代表着世界经济发展的方向,也标志着国家未来经济发展可能达到的水平。因此要想使我国经济在未来发展中走向世界前列,发展高新技术产业是必由之路,是谋求我国经济实现"跨越式"发展的关键之举,对此应给予足够的重视。

社会资源优化配置,是一个古老而常新的问题,整体管理为解决这个问题提供了理论和方法,通过整体管理必将使社会资源达到优化配置,进而优化产业结构和产品结构。

第二章　整体管理的系统结构

　　系统结构管理理论是指以社会经济整体与整个社会环境相互关系为出发点,在纵向上按层次进行管理,在横向上按分系统管理,在纵向与横向的交错点上按开放动态管理,以及在层次与层次之间、子系统与子系统之间、层次与子系统之间的决策、组织、协调和控制的有机性、相关性、联动性等方面进行系统辩证的研究。结构管理,在这里主要指系统整体的结构管理,即在国民经济整体的管理中运用系统辩证的方法。系统辩证的管理方法可运用于不同层次的系统整体,如国民经济整体的计划管理、社会生产力布局管理、基础产业与基础设施的建设管理、资源的系统开发与优化配置管理等。它也可应用于微观经济的管理,如生产部门的目标制定、人财物的优化配置、整个管理过程的指挥运行、个人与群体关系的协调和行为活动的控制等。

　　第一,社会经济本身是个有机的系统整体,客观上需要从整体上进行组织、协调和控制,只有这样进行整体的管理才能确保整体效益趋向最大。经济整体的内在联系是经济系统的诸要素的结构联系。其结构又决定经济的整体效益,所以研究结构管理就必须研究经济结构在结构管理中的重要作用。

　　第二,结构管理论强调的质、量、序的有机结合,不论从纵向上的宏观——中观——微观层次的结构优化,还是在横向上的生产、分配、交换和消费诸环节的质、量、序关联,都要有系统整体的观念。系统整体观念,就是指在结构管理中,应紧紧把握政治——经济——文化、经济——技术——社会、主体——客体——环境、物质——能量——信息、经营——管理——效益等相关要素的有机的系统的整体联系。并从纵横交错中把握它们的"结构核",使它合理、优化,产生整体效益。我们要从量、质、序三者的互相联系、互相制约、互相促进来把握整体管理、结构管理。

第三,结构管理不仅仅着眼于经济结构管理自身的质、量、序,还要紧紧把握经济管理所处的大环境、大系统。社会经济运行与社会的其他方面,都在不停地进行着物质、能量、信息的交换。这些大环境,无疑对经济结构有极大的影响。同时也得考虑与国际环境进行的各种动态交流过程,我们必须善于把握时空要素的变动,把环境的演化与整体的优化结构有机地结合起来,把经济管理看作为开放的、动态的、多层次的结构系统。

第四,结构管理特别注意中间层次的管理作用,正如列宁说的:"一切 Vermittele＝都是经过中介,连成一体,通过过渡而联系的。"①苏联经济学家 Г.Х.波波夫说过:"作为整体的社会主义社会生产,应当成为分析生产管理问题的出发点。正是在这个问题上充分显示出社会主义经营的一切特点及其最主要的特点——计划性。"他强调:"社会主义管理是以国民经济为对象,使局部的观点已成为该整体的要素。"②结构管理层次大致可分为:国际环境——国内环境——国民经济——部门或区域经济——企业集团——企业——家庭——个体。

总之,结构管理是宏观管理、中观管理、微观管理,以及这些层次管理之间与这些管理层次之外的各种经济要素管理的互相关系、互相作用、相互发展的有机管理结构和综合,是互相运动着的经济管理要素进行物质、能量、信息交换的总体过程。

第一节　宏观管理

宏观管理必须保持总量平衡。党的十三届五中全会提出的国民经济持

---

① 《列宁全集》第55卷,人民出版社2017年版,第85页。
② 《管理理论问题》,中国社会科学出版社1983年版,第158页。

续、稳定、协调发展的方针,是我国经济建设经验教训的总结。根据多年来的经验,切实加强和改进综合平衡,做到财政、信贷、外汇和物资的各自平衡以及它们之间的基本平衡,是国民经济持续、稳定、协调发展的重要保证。近年来我国经济中出现的问题,突出地表现在总量失衡上,即社会总需求大幅度地超过社会总供给,社会供需总量差额不断扩大,推动着物价上涨。治理整顿中实行的紧缩政策,是通货膨胀得到控制的主要原因。紧缩政策无疑也付出了不小代价,但稳定物价的社会经济乃至政治意义不可低估。现在,在适当放松紧缩的力度,解决工业生产回落过猛和市场疲软的问题的时候,必须看到,目前总量平衡关系的改善和物价涨幅趋缓,是采取非常办法实现的,还是不巩固的,再度出现经济过热和通货膨胀仍然是今后经济发展中值得警惕的危险。因此,在整个20世纪90年代,一方面要保证人民生活水平的稳步提高(提高工资及福利等),还要在保持总量平衡和经济稳定的效益前提下安排增长速度。

宏观管理是研究国民经济整体上的各种关系,国民经济总体上的结构与经济结构、产业结构、行业结构等,以及由此产生的各种总量的分析、综合、研究,诸如,总投资、总消费、总储备、总的就业、总的生产、总供给、总需求等等。宏观管理属于总体经济或大经济的管理。它的最高层次是国家的经济战略方针,比如我们现在执行的邓小平同志提出的三步走战略。世界各国都有类似的经济社会发展的大战略,如美国的星球大战计划、西欧的尤利卡计划、日本的"科技立国"等都属于宏观管理战略。社会主义公有制要求更加注意在宏观上进行管理与调控,要求建立有效的调控体系,要求全社会的统一管理,以确保稳定、协调发展。因此,我们的宏观管理是为国家大战略服务的,而国家的大战略又是在宏观管理研究的基础上制定的。在宏观管理中,我们只概述计划管理、产业政策管理、财政政策管理和货币政策管理这几个层次的基本思想。

一、产业政策管理

产业结构是指生产要素在各产业部门间的时空结构和它们之间相互依

存、相互制约的联系,即一个国家的劳动力、社会财富、各种资源在国民经济各部门之间的分配状况及其相互制约的方式。产业结构是否合理,关系到资金、劳动力和自然资源能否恰当地配置与有效的利用,关系到经济、技术社会能否协调的发展,关系到能否尽快缩小与发达国家的差距。产业结构的合理化是随着经济发展阶段的演变而变化的。正确认识我国产业结构变化的规律与特点,认清我国产业结构的现状与存在的问题,对于正确贯彻我国的产业政策,促进产业结构合理化,提高宏观经济效益,较快地改善人民的生活状况等,都具有重要的现实意义。

(一)新中国成立以来的产业结构变化

新中国成立以来我国产业结构发生了深刻的变化。

在工业方面,新中国成立以来我国工业发展速度相当快,1950—1977年平均年增长率为 13.5%,居世界之首(苏联 9.7%,美国 4.5%,日本 12.4%)。我国已大体上形成了一个比较完整的工业体系和国民经济体系,已经由农业国变为农业工业国。

在农业方面,1950~1977 年平均年增长率为 4.2%,也居世界之首(苏联 3.3%,美国 1.9%,日本 2.7%)。

在交通运输方面,我国已初步形成铁路、公路、水运、民航、管道等各种运输方式组成的门类齐全的综合运输网。

在国内贸易方面,从 1949 年到 1978 年全国商业部门收购商品总额由 175 亿元增至 17397 亿元。

在对外贸易方面,1950 年进出口总额 41.5 亿元,其中进口 21.3 亿元,出口 20.2 亿元;1979 年进出口总额 455 亿元,其中进口 243 亿元,出口 212 亿元,同时进出口产品的构成也起了变化,取得了巨大成绩。

在科学技术方面,我国产业已有了大批机械化设备和自动化设备。

在人民生活方面,人民生活有了明显的改善。改革、开放以来,我国人民的生活有了很大的提高和改善。但是长期制约我国的经济发展和人民生活更进一步改善的重要因素是产业结构不合理。

（二）产业结构的界定

按照国家统计局的划分，我国第一产业为农业，具体包括：林业、牧业、渔业等；第二产业为工业，具体包括：采掘业、制造业、自来水、电力、蒸汽、热水、煤气以及建筑业；第三产业为除第一、第二产业以外的其他各业，具体包括：交通运输业、邮电通信业、商业饮食业、物资供销和仓储业、金融业、保险业、地质普查、房地产、公用事业、居民服务业、旅游业、咨询服务业、教育、文化、广播电视事业、科学研究事业、卫生、体育和社会福利事业、党政机关、社会团体以及军队和警察等。

（三）三大产业之间的劳动力就业结构

新中国成立以来，我国劳动力在三大产业间的分布结构状况详见表2-1。

从表2-1中可看出，新中国成立初期我国农业劳动力在三大产业的就业结构中占绝对优势比重。近40年来，我国社会劳动力在三大产业中的分布结构发生了明显变化，第一产业所占的比重逐步下降，第二、第三产业比重逐步上升。从1952年到1988年，我国社会劳动力总数增长162%，其中第一产业劳动力只增长86.5%，第二产业则增长703%，第三产业也增长417%；从结构比例看，第一产业下降24个百分点，而第二、第三产业则分别上升15.2和8.8个百分点。这是一个很大的变化。

表2-1 我国社会劳动力在三大产业中的分布结构（年底数）

年份	人数（万人）				构成（以合计为100）		
	合计	第一产业	第二产业	第三产业	第一产业	第二产业	第三产业
1952	20729	17317	1531	1881	83.5	7.4	9.1
1957	23771	19309	2142	2320	81.2	9.0	9.8
1965	28670	23396	2408	2866	81.6	8.4	10.0
1978	40152	28373	7067	4712	70.7	17.6	11.7
1980	42361	29181	7836	5344	68.9	18.5	12.6
1985	49873	31187	10524	8162	63.5	21.1	16.4

续表

年份	人数（万人）				构成（以合计为100）		
	合计	第一产业	第二产业	第三产业	第一产业	第二产业	第三产业
1987	52783	31720	11869	9194	60.1	22.5	17.4
1988	54334	32308	12295	9731	59.5	22.6	17.9

资料来源：1989年《中国统计年鉴》。

但是，与世界主要工业发达国家相比，我国社会劳动力在三大产业间的就业结构水平还是相当落后的。美国、英国、德国、法国等在100多年以前，第一产业劳动力所占比重就已经降到50%或50%以下，比我国现在的就业结构水平还低。随着工业化程度的不断提高，这些国家的就业结构又先后发生了重大变化，即第二产业的劳动力比重由不断增加而变为逐步减少，劳动力大量向第三产业转移，使第三产业的比重占了绝对优势。从20世纪初到80年代，第三产业劳动力所占比重，美国从33%上升到66%，英国从44%上升到61%，德国从26%上升到49%，法国从25%上升到56%，日本从20%上升到55%。总的来看，我国目前的就业结构水平，大体上只相当于日本在20世纪初的情况，日本1912年第一产业劳动力占62%，第二产业劳动力占18%，第三产业劳动力占20%。

（四）三大产业之间在国民生产总值中的构成水平

改革开放以来，我们多次进行了产业结构的调整，但从我国国民生产总值的三大产业构成比例看，基本上没有什么大的变化。详见下表2-2。

表2-2　我国国民生产总值及构成

年份	人数（万人）				构成（以合计为100）		
	合计	第一产业	第二产业	第三产业	第一产业	第二产业	第三产业
1978	3588	1018.4	1745.2	824.5	28.4	48.6	23.0
1979	3998	1258.9	1913.5	825.7	31.5	47.9	20.6
1980	4470	1359.4	2192.0	918.6	30.4	49.0	20.6
1981	4773	1545.6	2255.5	974.0	32.4	47.3	20.4

续表

年份	人数（万人）				构成（以合计为 100）		
	合计	第一产业	第二产业	第三产业	第一产业	第二产业	第三产业
1982	5193	1761.6	2383.0	1037.7	33.9	45.9	20.0
1983	5809	1960.8	2646.2	1180.0	33.8	45.5	20.3
1984	6962	2295.5	3105.7	1527.0	33.0	44.6	21.9
1985	8568	2541.6	3866.6	2129.2	29.7	45.1	24.9
1986	9726	2763.9	4492.7	2461.0	28.4	46.2	25.3
1987	11351	3204.3	5251.6	2901.2	28.2	46.3	25.6
1988	14015	3831.0	6587.0	3596.0	27.3	47.0	25.7

资料来源:1989 年《中国统计年鉴》。

从表 2-2 中看出,第二产业比重一直处于优势地位。这标志着我国工业化进程正处于初级阶段。就三大产业的结构比例来说,第二产业还将在一定阶段处于优势地位,是符合我国还处于社会主义初级阶段的基本国情的。在此,不能简单地套用其他国家的三大产业结构比例。只是差距太大,就成为制约国民经济发展的阻碍了。

从上述表 2-1、表 2-2 看出,我国第三产业在整个社会就业结构和国民生产总值结构中所占比重过低。根据世界银行的考查,我国第三产业比重之低不仅不能与发达国家相比,而且还不及世界典型低收入国家第三产业比重的一半。造成这种结局的原因,关键在于我国的商业服务,特别是教育、交通邮电等部门太薄弱。第三产业的发展规模同第一、二产业的比例极不协调,严重地影响了我国工农业生产增长的经济效益,尤其是教育和交通运输业已经成了制约我国整个社会经济运行过程的"瓶颈"部门。

特别应当引起我们注意的是,我国交通运输业制约了国民经济的发展,我们已认识到了,从 1990 年以来相应地采取了一些措施。而对教育落后成为严重制约我国经济发展的问题,还并未引起全社会的重视。

教育水平落后,直接造成了我国各行各业劳动者文化素质低下,但这只是问题的一个方面。从另一方面看,我国知识分子的绝对数与目前的经济发展规模相比并不少,但人才效益不高,结构不合理。例如,日本钢铁工业职工总数只有 20 多万人,年产钢 1 亿吨;我国钢铁工业光是技术人员就有 12.7 万人,另有管理人员 28.8 万人,年产钢约 6000 万吨。相对全体人口来说,我国教育事业水平是很低的。因此,加速发展教育事业,尽快提高全社会劳动者的文化素质,充分发挥现有技术人员和经济管理人才的作用,从产业政策管理来看,是一件刻不容缓的大事。

我国的交通运输、邮电业能力一直严重不足。前几年,交通运输越来越支撑不了国民经济的发展。其中铁路运输问题尤为突出。1984 年工业生产与铁路货运周转量的增长速度之比为 1∶0.72,已经低于历史的正常水平,1988 年这一弹性系数又进一步降为 1∶0.35,交通运输越来越紧张。

(五)工业结构中的比例失调

从原材料工业、能源工业与机器制造业和最终消费品工业之间的比例关系看:1984 年到 1988 年的 5 年间,采掘工业平均每年增长 7%,原材料工业平均每年增长 11.4%;而制造工业平均每年增长 17.8%,以工业品为原料的轻工业平均每年增长 17.9%,基础(采掘和原材料工业)与加工工业(设备制造与轻工业)的增长速度之比,1984 年为 1∶2.1,1988 年扩大为 1∶2.27。全国发电设备容量与用电设备容量之比,1988 年为 1∶3,比正常情况的 1∶2 高 50%,由于工业内部比例失调的状况进一步加剧,能源、重要原材料的供需矛盾越来越突出。据推算,近几年来我国每年缺电 700 亿度,缺油 500 万吨,缺煤 3000 万吨。一些重要原材料,数量和品种都不能适应国内生产建设的需要,而不得不大量进口。一般加工工业重复建设,盲目发展,战线拉得很长,棉纺织、塑料加工等,脱离原材料供应的可能,盲目发展,致使生产能力大量过剩。

由于经济利益的驱动,许多地区热衷于发展价高利大的行业,消费类加工业的重复生产和重复建设十分严重。于是造成了各地区经济发展中的产业结构趋同化。据统计,各省、区、市,不论是加工业发达的地区还是资源比较丰富的地区,在 1988 年各自的工业总产值中,机械工业所占比重,大体都在 1—4 位之间;电气机械及器材制造业所占比重,大体都在 8—11 位之间;

金属制品业所占比重,大体都在 11—15 位之间;电子及通信设备制造业所占比重大体都在 15—20 位之间。这些都表现了地区工业结构的高度重合,这与发挥资源优势和资源的合理配置是相背离的。

对此现象,有人又认为,这是公有制下的计划经济问题,是与计划有关的问题,但这不是计划经济本身的问题,而是在计划中没有协调好产业结构中比例,或者由于地区经济利益的驱动力过大,造成宏观调节失控的表现。因此,产业结构中的比例失调,或在计划中存在这样那样的问题,归根结底,还是个缺乏整体管理的问题。

(六)引进外资中的结构问题

改革开放以来,在引进外资方面取得了很大成绩,截至 1990 年底,我国共协议利用外资 1023.9 亿美元,实际利用外资 678.85 亿美元。但其中有些结构性的问题值得我们注意。

一是利用外资的格局问题。目前,外商直接投资的 80%、外资企业总数的 85%集中在沿海各省市,客观上使沿海与内地在经济发展水平上的差距进一步加大,这不利于经济的整体均衡的发展。应在布局上作适当的调整,在加快沿海发展的同时,应努力吸引外商向内地投资。

二是利用外资的结构的问题。在利用外资的总额中,对外借款的比重偏大,吸引外商直接投资相对比重较小;在对外借款中,商业贷款占一半以上,而较优惠低息的政府贷款和国际金融组织贷款比重偏小。

三是合作对象的问题。我国利用外资来自 40 多个国家和地区,但大多来自港澳地区,而更具有投资能力的欧美外商的投资,则相对偏少。我国自 1979 年到 1991 年 4 月已批准外商投资项目 32000 家,其中生产性项目占 90%以上,资金比重为 61%。机械、电子工业分别占 17.8%、14.7%。在投资国家与地区中,中国港澳地区第一,占 62.1%;美国第二,占 11.1%;日本第三,占 7.7%。[①]

四是投资项目类型和规模的问题。虽然生产项目占主体,但一般加工

---

① 《金融时报》1991 年 8 月 8 日。

工业多,而国家急需的能源、交通、通信、原材料等基础项目偏少。项目的规模水平还不高,尤其是500万美元以下项目审批权限下放,出现了不少一般性加工项目的重复引进和盲目设点,如服装、塑料制品、化妆品、餐饮服务等,这样加剧了原材料和市场的紧张,也增加了国内配套人民币的压力。特别是沿海与内地投资比例,尤其引起我们的重视。

上面引述的产业结构失调问题已经严重地制约着国民经济的整体效益。

(七)产业结构的调整

回顾我国经济发展的40年,曾出现四次较大的经济波动,同时也伴随着大的比例失调,布局不合理等问题。其内在原因,非常重要的一条就是产业结构不合理,而且历经几次大的调整都未能彻底解决。我国的第一、第二、第三产业的结构极为不合理。农业缓慢的增长支撑不了工业的过快增长。从1952年到1987年工业增加了531倍,农业只增加了2.8倍,时至今日仍是8.7亿农民提供所有中国人口的粮食需要。交通、能源、原材料工业发展的不协调,造成至今仍有40%的加工能力不能充分发挥作用。因此,必须以新的系统整体的观念来讲究产业结构的管理,这是十分迫切的任务。

产业结构是个有机的复杂的整体,它与国民经济有内在的同一性,或者说,它是国民经济协调发展的核心。它的不合理,就会迫使经济效益的下降。1952年我国社会产品最终使用率为53.3%,百元社会总产值可形成53.3元的国民收入,而1987年社会产品最终使用率降为32.4%,百元社会总产值只能形成32.4元的国民收入。这说明由于片面追求速度必将导致国民经济效益的下降,而效益的下降又会促使结构的更加不合理。国民经济严重比例失调,是产业结构不合理的数量表现。经济建设上急于求成的思想观念必然造成实际工作中片面追求产值,高增长、低效益,终将导致整个经济系统的结构紊乱。产业结构、产品结构、企业组织结构的严重不合理,表现为国民经济在增长幅度上的一放就乱,一管就死的怪圈。因此,有效的调整产业结构和消费结构,成为克服经济周期性的大波动和搞好治理整顿的关键,这也是建立宏观调控系统的核心所在。

　　党的十三届七中全会对今后十年调整产业结构指明了方向:大力调整产业结构,加强农业、基础工业和基础设施的建设,改组改造加工工业,不断促进产业结构合理化,并逐步走向现代化,以适应经济增长和消费结构变化的需要;用先进技术装备改造传统产业和现有企业,以内涵方式为主扩大再生产,推进工业化和现代化的进程;根据资源配置和有效利用的原则,正确布局生产力,积极促进地区经济的合理分工和协调发展,促进全国统一市场的形成和发展。依据产业结构调整的这一方针,通过农村改革增加投入,抓好科技兴农,农产品流通,扶贫致富,发展乡镇企业等措施来大力加强和发展农业,解决人口吃饭问题;采取宏观投资倾斜政策,集中必要的资金,加强能源、交通、通信、重要原材料以及水利等基础工业和基础设施的建设,解决严重制约我国国民经济发展的"瓶颈"问题;坚持改组改造、优化结构、提高效益的原则发展加工工业;电子工业发展应得到强化,机械制造工业发展重点在技术质量水平,轻纺工业发展重点在开发新品种,建材工业的重点在发展新型建筑材料,建筑业发展重点在推进城乡一体化建设,重视第三产业的发展。调整产业结构,应本着"统筹规划,合理分工,优化互补,协调发展"的原则,把沿海经济——中原经济——内地经济——沿边经济有机结合起来,形成整体优化的产业结构,促使国民经济持续、稳定、协调的发展。

　　调整结构能否达到合理的标准,归根结底是看能否发挥其整体效益,如经济的整体效益、行业的整体效益、产品的整体效益。在宏观上,实现产业优化组合;在微观上,实现生产要素的优化配置;在分配上,达到高效率的公平;在资源方面得到充分的利用;使总需求与总供给相适应等。

　　对于国民经济实行整体管理,就要在宏观调控过程中把握住有关的发展比例参量,同时还要依据外部环境和国情变动,对参量进行滚动式的不间断的动态修订,使国民经济计划的比例参量更接近发展的实际。通过对西方资本主义国家和发展中国家国民经济发展各种比例参数的研究,总结我国40年来经济发展的经验和教训,我们提出在今后10年或更长时期内可供参考的调控国民经济发展的十大比例关系参量,以供参考。

第一,三大产业之间的比例参量。这里有不同产业自身的递增速度和三大产业分别占国民生产总值比重这样两组参量。关于三大产业递增速度调控参量:第一产业应在 3.0%—3.7%之间;第二产业应在 6.0%—7.5%之间;第三产业应在 7.5%—8.5%之间。关于三大产业分别占国民生产总值的比重参量:第一产业应由 1990 年的 23.7%降到 2000 年的 18.5%左右;第二产业应由 1990 年的 52.5%保持到 2000 年不变;第三产业应由 1990 年的 23.8%增长到 2000 年的 29.0%左右。在今后 10 年或更长时期内,第三产业要有一个长足的发展。

第二,工农业之间的比例参量。1990 年工业产值与农业产值的比例为 76∶24;到 2000 年,由于工业的发展速度要加快,工农业产值比例大约为 84∶16。在今后 10 年或更长时期内,工业产值的增长速度与农业产值的增长速度之间的比例参量为 2∶1 较为适宜。

第三,重工业与轻工业之间的比例参量。重工业与轻工业在增长幅度上应保持相对的平均增长速度,两者之间不应有较大的速度差幅。

第四,农业内部之间的比例参量。农业中的种植业产值应占农业产值的比例为 60%左右,粮食产值应占农作物种植业产值的比例为 65%左右。

第五,积累与消费之间的比例参量。这个比例参量在整体宏观管理中具有重要的地位和作用,它关系到社会总需求与总供给的平衡问题,关系到社会再生产过程中物质形态与价值形态能否实现的问题,关系到社会生活能否安定,群众消费心理、消费方式和消费水平能否承受并能得到满足的问题。总结以往经验,今后积累率应保持在 25.0%—30.0%之间,消费率应保持在 75.0%—70.0%之间为宜。

第六,固定资产积累与流动资产积累之间的比例参量。固定资产积累与流动资产积累之间的适宜比例参量关系,是保障国民经济稳步协调发展的重要因素,两者之间的比例参量应为 75∶25 左右为宜。

第七,生产性投资与非生产性投资之间的比例参量。这一对应参量应控制在 64∶36 之间为宜。

第八,外贸内部之间的比例参量。在今后 10 年或更长一段时期内,我国进出口总值占国内生产总值的12%左右为宜随着时间的推移,应加上此比例。其中进口与出口应大体平衡,并保持有一定的顺差。这就要求国民经济要注意外向型经济的发展,参加国际市场的竞争。

第九,物价上涨指数与待业率参数。总结以往的经验教训,为保障社会稳定,物价上涨指数一般应控制在6%左右,待业率应控制在4%以内。以上这两项参量不是自身的规律表现,它与整体社会再生产有关,同社会总需求有直接联系。

第十,社会总需求与总供给之间的参量,在整体宏观管理中,要紧紧把握住固定资产投资需求增长参量。社会再生产要保持一定的生机,就要使社会总需求倾向要大于社会有效率的总供给,两者之间的差率应控制在4.5%以内为宜。其中,投资需求占总需求的比例参量在34%以内为好,固定资产投资需求的比例参量应占投资需求的25%左右。

以上各种比例参量,只是一种整体宏观调控国民经济的参考数值,它要在实践运行过程中,依据国内外经济状况的变化,不断总结,不断修订,以求参量的科学性,即不同经济环境有不同的比例参量。每个国家在不同的发展阶段,也有不同的参数比例,这些比例参量之间的内在联系,属于数学逻辑范畴。

关于微观的产业结构调整,说到底是每个企业、每个行业对自己产品的结构调整。微观产业结构门类繁多,结构复杂,所有制形式多样,经营方式各异,大中小规模不齐,先进与落后的生产力并存,传统产业与新兴产业相互依存等,微观产业结构调整比较困难。在这种情况下,产业结构调整必须要在加强企业管理和推进技术进步前提下进行,要以产品结构调整为先导,围绕大中型骨干企业来进行,把产业结构、产品结构、企业组织结构调整有机地结合起来。

关于微观产业结构调整的基本思路是:一是抓经营联合。各产业经济单位之间在商品生产、流通,以及技术开发过程中,依据彼此内在的经济技术管理联系,按照专业化、社会化生产要求,形成某种生产、流通、开发环节的联合,来共同从事某种经营活动,这是现代化工业发展的需要,是商品经济发展的需要,也是治理整顿深化改革的需要。二是组织企业集团。各企业以资产、技术及其他经济机能上的互相补充为目的,以成员单位自主权为前提,在平等互利原则下结成的长久地经营联合体形态和经营协作体制。逐步实现资产经营一体化,形成规模经济。在组织企业集团过程中,首先要保证核心层企业即资产经营一体化实体,也称为企业集团的母公司,占有企业集团的绝大多数股份,使其在管理、技术、开发、经营中具有权威性;其次要组织好紧密层企业的结构管理,母公司对子公司即核心层企业对紧密层企业实行控股办法,使公司从计划、经营、资产等方面直接受母公司控制,但法人不变;再次是抓好半紧密层,也称关联公司,它是由若干个母公司控股、参股的企事业、技术开发、代理商等组成;最后抓好松散结构层,这种企业仅依据合同协议与母公司进行经营过程某一环节或某一部分协作。在企业集团中,形成核心层——紧密层——半紧密层——松散层结构,其中除了管理、技术、经营联合协作外,最主要的是以股份纽带把这些企业利益有机地联系在一起,形成在一定区域内具有一定规模的经济实体。这就由过去行政办法管理企业改造成企业管理企业,用经济办法管理企业,大大提高企业的企业化程度。三是抓好企业承包企业。在不改变企业资产所有权,不取消承包企业法人资格前提下,通过合同方式,确定经营管理目标、双方利益分配关系和承包条件,在合同期限内,取得使用和被承包企业管理权。这种承包比个人承包优越得多,有利于企业优势互补和优化组合,克服企业短期行为。四是抓好企业租赁企业。是指被租赁企业的资产所有者,将企业的全部资产有条件、有期限、有偿的让渡给租赁企业,其资产所有权、企业法人地位不变,租金及租赁后的有关事宜通过合同明确下来的一种经营方式。五是搞企业兼并。是指企业间的吸收与合并。这是由于在社会主义商品经济条件下和市场竞争机制作用下,寻求发展的优势企业同经不善、面临破产的劣势企业在自愿、自主基础上进行的产权与经营权的转让,它可以是有偿,也可以无偿划拨。兼并是以生产力要素合理配置,优化组合与提高效益为目标,以产权转让为实质内容的企业组织结构调整,它是深层次的经济体制改革。六是合并企业。它是由政府有关部门,采用行政手段对企业采取的企业组织结构调整的一种形式。合并是实力相当的企业,同时取消法人资格,把产权、经营权合并在一起,形成新的法人企业单位,组织方式主要靠划拨。七是抓好企业拍卖试点。党的十三大指出:"一些全民所有制小企业的产权,可以有偿转让给集体或个人。"在市场机制作用下,对濒临破产,再生产难以为继的小型全民或集体企业,以交易方式,购买者当场支出货币而得到产权。

产业结构、产品结构、企业组织结构的调整,一方面要靠行政手段,另一方面要靠市场机制,同时还可采用行政、经济、法律等综合手段。结构调整实质是对社会主义所有制和生产力要素更深刻的改革。结构调整是一件非常复杂的系统工程,要求整体管理,要追求整体效益和防止急于求成。

关于部门、地区的产业结构的调整,即中观产业结构管理,这里就不详细叙述了,性质类似。其中比较重要的是产业结构布局的问题。部门、地区经济结构的管理,基础设施的管理,环境保护的管理,工业集团和协作方面的管理等等,属于中观产业结构的管理,它侧重于配套政策与组织实施,如部门的结构政策,等等。

(八)产品结构的调整

产品结构调整一般讲有三种形式,(1)存量调整;(2)增量调整;(3)序量调整。存量、增量、序量的调整是互为前提、互为因果的有机整体。产品结构的调整是企业组织结构和产业结构调整的基础,也是宏观产业结构调整的基本着眼点。依据社会需求及时调整产品结构,压长线产品,开发名、优、新、特产品以适应国内外市场需要。同时应围绕节能、节材、节油、节水,推广新技术新工艺,改造旧设备,淘汰老产品,来提高产品质量和经济效益。因此,把存量调整放到首位,在存量优化基础上再搞增量配置和序量调整,这应是产品结构调整的一项重要原则。

(1)存量调整
- A. 适应性:增加市场的覆盖面
- B. 外向性:出口创汇
- C. 规模性:经济批量为主

$$
(2)增量调整
\begin{cases}
A. 开发性:更新换代新产品 \\
B. 互补性:系列性产品 \\
C. 短缺性:瓶颈性增量
\end{cases}
$$

$$
(3)序量调整
\begin{cases}
A. 布局性:降低成本 \\
B. 周转性(产品生产周期、流通周期、消费周期和产品\\生命周期):增加效益 \\
C. 综合性:多功能性,如钟表可以当电话、装饰品、看时\\间等用途
\end{cases}
$$

(九)产业政策管理过程

产业结构的调整过程,以及在宏观、中观、微观不同层次的机制转换过程,其实质是一个动态的整体管理过程。我们运用图 2-1 来表示。

整体经济管理结构图表明:(1)宏观经济调控管理层是以国民经济结构平衡协调发展为主,它自身又分为不同的发展过程,即暂时直接调控机制——直接与间接调控机制——间接调控机制。三种宏观机制在不同的时空条件下,都表现出其存在的合理性,在正常的情况下,直接调控应向间接调控发展。(2)中观经济调控管理层是以市场结构调控为主,它自身分为不同的发展过程,即在短缺经济规律作用下的产品经济结构——产品经济与商品经济交融结构——充分体现价值规律作用下的有计划商品经济结构。这三种结构也依据不同的时空条件进行运转,在一般情况下它们的运转方向与宏观经济调控层方向相同。(3)微观经济调控层是以生产力要素结构优化,资源的合理配置,企业整体经济效益为主。它们自身也分三个不同的发展过程,即非自主经营企业——经营责任制企业——自主经营企业。这三种类型企业也依据不同的时空条件进行运转。在一般情况下,它们的运转方向要与宏观和中观调控层方向一致。(4)宏观间接调控机制要求所有制要具有多种形式,并实行层次分权管理,其中股份制是一个特征,并对中观市场结构和微观生产力结构通过有关部门的经济政策,实行间接的经济杠杆导向控制。它不同于旧体制对所有制无法人代表的混沌全民所有制管理方式。(5)整体经济管理结构是一个开放系统,它同周围的政治、文

化、社会等发生关系,进行物质、能量、信息的交换。整体经济管理不仅把经济系统看作是宏观——中观——微观经济管理的有机结合的整体管理,而且还与社会巨系统、国际超系统发生着相互作用。

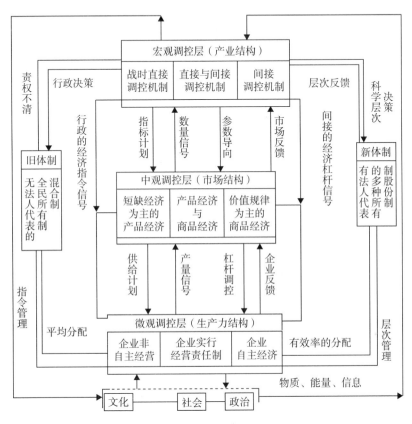

图 2-1　整体经济管理结构图

　　产业结构的调整要实现双重任务:一是产业结构的协调;二是产业结构的现代化,也可以称作高度化或高级化。产业结构的协调一般指在现有技术基础上产业结构的合理化。产业结构的现代化虽然也蕴含着结构的协调和合理化,但此外还具有伴随着社会生产技术水平提高而产生的产业结构升级的特殊意义。所谓现代化,就是用先进的技术改造传统产业并不断造就新的产业,从而实现社会生产力的飞跃。在生物工程、电子信息技术、自动化技术、新型材料、新能源、航空航天、海洋工程、激光、超导、光纤通信等高新技术领域的科技成果,已经或者即将对产业结构产生巨大影响。所以,推进技术进步,不论对于产业结构的调整,还是对于整个现代化的进程,都是至关重要的。现在,治理整顿的重点,已经由总量平衡转为结构调整。但是,与抑制通货膨胀不同,产业结构的调整是个比较长的过程,不是短期所能完成的。在治理整顿期间,产业结构的调整只能提出和达到有限的阶段性的目标,比如不同产业的投资比例得到改善,增长速度得到调整,国民经济发展的"瓶颈"制约得到缓解。在治理整顿结束而转入正常的经济发展时期之后,结构调整还要继续进行。

二、财政政策管理

改革十多年来,我国经济有了很大的变化。这些经济变化为新的经济理论的产生提供了物质前提。经济理论的研究揭示出经济活动的本质和规律,并为经济政策的制定提供了理论依据。而经济政策又体现着经济理论的基本内容,并服务于经济实践活动,指导经济活动沿着符合客观经济规律的方向发展。现代化社会大生产需要宏观、中观、微观经济政策的管理。政策管理要素表现科学的计划、预测、决策和实施方案等内容。经济政策的制定、下达与执行是一系列经济政策的管理机构的运转过程。政策管理对于下属单位与个人都具有普遍的约束效力,具有不同层次的调节作用。政策在效力范围内具有统一性,不能各自为政。研究政策管理结构是为了使经济现象、经济理论、经济政策、政策管理形成方向一致有机结合的整体政策管理结构。例如凯恩斯依据资本主义经济危机、萧条、失业等现象,提出财政和货币政策及理论并取得一定成效。列宁说:凯恩斯提出的结构"比任何一个共产党人革命家的结论更有说服力,更引人注目,更发人深思"。①政策管理结构主要强调政策自身要成系统,相互配套,形成有机的结构。

财政是以国家为主体进行的分配,即国家的分配。它是整个社会产品

---

① 《列宁全集》第 39 卷,人民出版社 2017 年版,第 211 页。

分配的一部分。财政政策管理包括财政预算和决策、财政盈余和财政赤字、财政收入和财政支出、公债发行与国民收入等范畴。从财政角度加强对宏观经济管理,就要搞好财政、信贷、外汇、物资四大平衡,促进资源的充分利用,稳定经济的协调发展。因此,加强宏观经济整体管理,首要的就是要加强对财政政策的管理。

(一)财政政策管理的结构与功能

财政管理政策的主要特征是,财政是国家分配的主体。它的分配是通过货币的收支活动进行的,表现为价值量的单方面转移。财政分配是在全社会范围内进行的集中性分配。财政收入来源主渠道是税收,是强制的无偿的收为国家所有。财政在国民经济中的地位,有这样一个逻辑,在国民收入与社会总产品分配中,财政占主导地位。在社会再生产中,分配又居有重要的地位,社会再生产包括生产——分配——交换——消费四个环节。由此看来,财政在社会再生产中分配环节上具有主导地位和主导作用。财政在剩余产品价值 M 的分配中起关键作用,在积累消费比例关系的形成上起着重大作用,财政政策规定制约着国民收入($V+M$)的分配。社会主义财政政策的功能有两个,一个是筹集资金保证社会各方面的需要,包括筹集经济建设的固定资金和流动资金,科教文发展经费,行政管理和国防建设经费,为国家筹集一定数量的后备基金。为了达到筹集资金的目的,财政政策的管理,就要规定和管理筹集资金的规模、结构和速度,同时也就直接规定和管理着社会再生产的规模、结构和速度。这是财政的第一个管理职能。第二个职能就是对国民经济发展的调节和控制功能。主要表现在调节社会供给总量和需求总量,使供给总量与需求总量相平衡。当社会供给总量小于需求总量,用财政预算结余来调节;当社会供给总量大于需求总量时,使用财政赤字来调节;当社会供给总量等于需求总量,则使用财政预算平衡来调节。再就是调节积累和消费的比例关系,制约经济发展的规模和速度。积累和消费不仅直接调控着各种经济利益关系,而且直接决定着社会扩大再生产发展的方向、规模和速度。因此,可以看出,积累和消费的比例关系是国民经济中一个带有根本性的比例关系。财政政策的管理直接制约国民收入中 V 和 M 的比例关系,直接决定着 M 的使用方向是积累还是消费,及其比例关系。例如,财政支出中的积累性支出占整个积累基金的比例,"一五"至"五五"时期,为49%—78%,1983年约为34%,财政支出中的消费性支出占整个消费基金的比例,"一五"至"五五"时期为22%—27%,1983年约为15%,这表明财政分配具有集中性特点。财政政策管理还调节投资规模和方向,制约产业结构和生产力布局。在过去高度集中的体制下,整个社会投资的70%—80%都是通过财政分配进行的,财政投资对产业结构和生产力布局起着相当重要的作用。在一定意义上讲,调整产业结构的重点在于调整投资结构。财政同时还调节国家与企业集体、职工个人之间的分配关系,以及中央和地方的分配关系,从而制约与影响社会再生产。财政政策具有管理调节和制约经济效益等重要功能。

改革以往统收统支财政体制,逐步形成财政分层次的结构管理体制。现行的财政包干体制是财政层次结构管理体制的初级形式。财政包干就是把中央、省、地、市、县财政管理权限以上缴、自收、自支等制度以合同形式规定下来,在以上缴包干为基数的基础上,多收分成,多支不补。这样就调动了各地方政府当家理财的积极性。当然,这种财政包干形式也有些弊端,容易形成多层次的利益主体,从而削弱中央财政的实力。财政体制改革的方向应坚持财政层次结构管理,并在划清中央和地方税种范围的前提下实行分税制。财政层次结构管理有利于调动中央与地方的积极性,但应注意解决集中与分散的关系。适当集中必要的财力来兴办全局性的一些大事,有利于克服经济困难,有利于长远利益的发展,有利于生产力和地区经济管理的合理布局。过分集中不行,过分分散也不行,应把必要的集中和适当的分散恰当地结合起来,以调动各方面的积极性。财政层次结构管理应坚持"集而不死,分而不乱,集要适度,分而恰当"的量力而行的原则,坚持这一原则的过程,则是实行宏观整体管理的过程。中央、省市区、地市等各级财政都应以全局为重,以国家利益为重,适当提高财政收入占国民收入的比重和中央财政收入占整个财政收入的比重。这个比重的适当提高,要在不影响地方各级财政积极性的前提下进行。

(二)财政与价格的关系

财政是国民经济分配的主渠道,价格也是国民经济分配的一个重要渠道。价格是价值的货币表现形式,价格与价值之间在量上经常出现背离现象,这就必然会产生价格是对价值的再分配形式。这是由于我们社会主义经济是有计划的商品经济,价格存在是一个客观实在,而且它还带有旧中国价格体系的印迹。本来制定价格的基础是价值或生产价格,但由于供求关系不平衡,为了使社会稳定,使生产顺利进行,调节供求之间的不平衡性,就要靠国家政策来制约价格。

财政政策决定和制约着社会再生产,社会生产价值又决定着价格的升降,而价格的升降又直接影响着财政收支政策。从整体管理来看,生产——财政——价值——价格——税收等经济范畴是一个有机的系统整体,各要素之间存在着内在的联系。在财政分配中,既定的价格体系是前提,如果进行价格调整,就必然要引起社会商品流通所实现的货币收入在国家、企业、集体与全民之间的重新分配,从而影响财政收支分配。价格调整对财政影响主要表现在:一是调整工农业产品比价对财政政策的影响。国家为缩小工农业产品之间剪刀差,采取提高农副产品的收购价格,而销售价格维持不动,商业部门就要亏损、财政不仅减少收入,而且还要进行补贴,从而增加财政支出。还有工矿企业单位增加职工工资或副食补贴,同样减少财政收入而增加支出。二是调整消费品价格对财政影响。消费品价格提高,为了不降低职工生活水准,就要提高工资或进行物价补贴。当消费品价格上涨幅度高于工资增长幅度时,增加了工商企业利润,从而增加财政收入。当消费品价格上涨幅度低于工资增长幅度时,减少工商企业利润,从而减少财政收入。三是调整生产资料价格对财政的影响。生产资料价格的总水平不变,只是调整生产资料内部价格时,使价值在不同部门、行业之间进行调整,从而影响财政收支,价格改革同时也会影响财政收支,有一个财政承受力和社会承受力问题,所以说财政在安排收支时一定要考虑价格调整因素的财力需要,价格调整也要考虑财政财力的负担能力,使财政与价格在财政收支平衡基础上进行改革。

  价格改革是建立适应社会主义市场经济发展要求的宏观调控体系的重要内容,也是整个经济体制改革成败的重要组成部分。前几年,由于市场物价大幅度上涨,价格改革措施难以出台,于是有人对价格改革的重要性和迫切性发生了怀疑,想绕开价格改革另辟蹊径。其实,从深化改革的要求出发,为了逐步建立起计划经济和市场调节相结合的经济运行机制,必须积极稳妥地推进价格改革。但是,价格改革是一项系统工程,涉及面很广,而且十分复杂,切不可操之过急,它是整体管理的重要组成部分。

  长期以来,我国商品比价关系很不合理,一是农产品与工业品比价不合理,农产品价格偏低,工业品价格偏高;二是工业内部矿产品、原材料工业品与加工产品比价不合理,矿产品和原材料工业品价格偏低,加工产品价格偏高。因此,调整不合理的比价关系必须从提高农产品、矿产品和原材料工业品价格开始。由于我国加工工业部门的消化吸收能力较弱,当原料和能源价格上升时,往往引起产品成本的普遍提高,为使加工工业保持一定的利润,国家允许加工产品价格有所上升。而我国购买力过旺,在价格结构性调整中极容易引起物价总水平的上升。在经济过热、通货膨胀的情况下,这一矛盾表现得更为突出。为了把物价上涨幅度控制在允许的范围内,在进行价格结构性调整时,必须抑制总需求的过度膨胀,创造一个相对宽松的宏观经济环境。有一个良好的环境,即使价格改革的步子大一些,风险也比较小,可以避免出现物价轮番上涨、全面上涨。事实也表明,在严重的通货膨胀条件下,基础产品价格的合理上升,很快被加工产品价格过多的提高所抵销,旧的比价关系将继续保留下来,甚至更加恶化,价格改革做了"虚功",物价总水平却上到一个新的台阶。比如,从工业品内部的比价关系看,1979~1984 年,采掘工业产品价格上升 49.9%,原材料工业产品价格上升 26.8%,加工制造业产品价格上升 11%。这种价格上升幅度的梯形格局,说明基础产品价格偏低的扭曲状况在改变,工业品内部比价关系在向合理的方向发展。然而,1985 年到 1989 年,出现了相反方向的变化。尤其是 1988 年、1989 两年更为突出,采掘工业、原材料工业和加工业产品价格两年累计上升幅度分别为 24.8%、32.1%和 39.7%。这种下游产品价格涨幅的情况,使前几年已经改善的工业品内部比价关系,又重新恶化。1979—1984 年前 6 年,物价总水平累计上升 17.7%,平均每年递升 2.8%,物价总水平上升不多,解决问题不少,重要原因是没有严重的通货膨胀。1985—1989 年后 5 年,物价总水平累计上升 72.7%,平均每年递升 11.6%,物价总水平上升过多,但解决问题较少,重要原因就在于经济总量失衡加剧发生了明显的通货膨胀。1990 年物价总水平上升不多,解决问题较多,再次证明了这一点,对此,我们应予以充分重视。

价格改革要与其他改革措施配套进行。对价格改革的地位和作用,过去在认识上存在片面性,似乎只要价格关系理顺了,经济中的一切问题就可以迎刃而解。几年来的实践证明,价格改革同其他方面改革是相互影响、相互制约的。为了使价格改革取得应有的成效,必须坚持配套改革,避免孤军深入。即价格改革必须与宏观调控手段、金融、财政政策、工资收入制度、企业机制、市场管理等方面的改革在政策措施和步骤上协调动作,相互配合。比如,推进企业改革,促使企业提高效益,逐步形成企业自我约束机制,增强企业对初级产品提价的消化能力,可以减轻价格改革可能带来的社会震动;如果不配套地改革企业机制,企业就不能对价格信号作出正确的敏锐反应。相反,甚至会乘机哄抬物价,多捞一把,或者增加亏损,转嫁国家,使价格改革失去应有的意义。就价格改革和市场发育而论,两者必须同步进行,没有价格改革,市场就不可能发育和完善,市场调节作用就难以更好地发挥。而没有健全的市场,价格改革也很难推进。推进工资制度的改革,调整收入分配政策,建立健全物价上涨后对职工所得的补偿制度和对低收入者的保护政策,特别是加快建立社会保障体系,有利于价格改革后能继续保持社会稳定。总之价格改革孤立地进行,不可能取得成功。

价格改革就是要建立健全合理的价格构成机制和价格管理机制。国家管理国计民生的重要商品和劳务价格,其他一般产品和一般劳务价格应由市场调节。价格改革是项艰巨的任务。因此,改革价格体制就要遵守这样的原则:物价上涨幅度要控制在居民——企业——国家财政能够承受的范围内;社会总需求与总供给基本平衡;防止价格幅度上涨造成新的不合理;

城乡居民收入不降低;有利于逐步减少国家物价补贴。价格改革从宏观上要保证社会稳定,经济增长,效益提高,财政增收,人民生活得到改善。

(三)财政与税收的关系

财政是国家凭借政权对一部分社会产品进行分配和再分配而形成的分配关系。它直接同社会再生产过程紧密结合,形成一个包括国家预算、银行信贷和国营企业财务在内的广泛的社会主义财政体系。财政资金主要来源是国营企业创造的纯收入(税金和利润),集体经济和个人的一部分收入也以税收形式上缴国家财政。可见,财政与税收有密不可分的关系。

作为一种对产品进行分配和再分配而形成的分配关系来说,国家凭借其对生产资料的所有权而获得的分配是利润,而凭借权力向居民无偿地所获得的东西,则是从一般分配中分离出来的特殊的分配,这就是税收。

从本来意义上说,税收在财政中占有相当的比重。自从改革以来,通过两次"利改税",税收在财政中的比重已占绝对优势。据国家 1989 年的统计,税收占财政的比重为 96.7%。对某些地方财政来说,有的税收占 100%,有的占 105%,有的甚至占到 130% 以上。因此,在研究财政管理的整体性问题时,税收是一个极为重要的组成部分。

税收也是社会经济管理的重要组成部分,税收征收管理工作搞得好坏,直接制约着财政。在当前税收占财政绝对比重的情况下,搞好税收征收管理至关重要。

税收征收管理,从全国来说不论在理论上还是在实践上,都是一个薄弱环节。就税收征管模式来说,全国共有四种模式:第一种模式是"征、管、查"相分离模式。第二种模式是征、管、查、思想政治工作相统一的"四条线"征管模式。第三种模式是国税局在全国进行试点的模式。在实践中各地创造了许多经验,值得学习和借鉴。"四条线"征管模式,是广大税务干部在贯彻执行国税局指示精神基础上,综合了各地的先进征管经验形成的。第四种模式,是从组织入手,有五个方面构成的有机统一体,可以说,体现了整体管理的思想。

1. 以人为中心的目标管理。建立"四化"税务干部队伍纳入管理目标,并放到首位。体现出：治税先治内，治内先治人，使思想政治工作贯穿于管、征、查全过程。

2. 组织结构的创新。

3. 制定一系列规范人的思想和行为的具体制度，实现了标准化、公开化、定量化。

4. 对干部实行了多层次考核管理制度，是激励理论在干部中的具体运用，比经济责任制更好的激发了他们的积极性、主动性和创造精神。

5. 以微机网络为现代化的征管手段。

上述简介表明整体管理在税收征管工作中已有了相当的基础。

（四）财政管理中的几个关系量问题

财政政策管理在国民经济中具有轴心的地位与作用，它与许多经济问题的要素发生质、量、序的关系，处理好这些关系对于国民经济持续、协调、稳定的发展具有重要的意义。

一是要努力做好财政信贷之间的平衡关系。社会主义财政与信贷在一定程度上都反映有计划商品经济过程中物资运动的货币表现，都是具有筹集、供给、调节、监控资金的职能。财政收支平衡是信贷收支平衡的基础，信贷收支平衡对财政收支平衡有着积极的作用。财政与信贷不同的是主体不同，财政是国家职能，以"公共权力"为手段。而银行信贷是金融管理机关，以经济手段为主的经济实体。财政采取"上缴下拨"，银行采取"信贷"，资金运动方式不同。不管财政与信贷有什么不同，但国民经济中货币的收支，是收大于支，还是支大于收，最终都要反映到银行信贷和财政预算的收支上来。搞好财政、信贷收支平衡，是确保社会再生产的物资合理流动和货币正常流通的关键。

二是努力做好银行信贷收支同现金收支的平衡。在我国，人民银行总管信贷业务，又担负货币的发行业务。信贷收支与现金收支有这样的关系，只要银行信贷收支平衡，而且在银行信贷收支中的非现金收支与现金收支一定平衡。相反，只有信贷收支平衡，信贷中非现金转账收支是平衡的，那么信贷中现金收支就一定平衡。问题是在信贷收支与现金收支不平衡怎么办？一种是采用财政为弥补财政赤字而发行货币，另一种是采用随商品生产和商品流通规模的扩大而发行货币。

三是财政信贷收支与外汇收支的相关平衡。它是指向国外借债、外国投资、引进技术、购进商品等都需要还本付息给予偿还。这种偿还能力要等于一个国家的外贸收入、侨汇、旅游、劳务、运输等外汇收入，还有国家库存的外汇之和，使外汇收支平衡。当外汇收大于支时，视为外汇节余，可作为财政收入。当外汇支大于收时，视为外汇赤字，则要在财政上作出相应的安排。在外汇收入有节余时，可作为财政收入进行财政支出，以促进社会技术进步，扩大再生产。在外汇收入赤字时，要以财政支付与信贷支付方式去弥补外汇赤字，从而达到外汇收支、财政收支、信贷收支的平衡。引进外汇（外债）搞技术进步，要考虑国内社会物资产品与外汇的平衡，使国内配套投资与外汇收支相协调平衡。

四是努力做好国家财政收支与物资供求之间的平衡。银行信贷收支平衡、现金收支平衡、外汇收支平衡、财政收支平衡，以及这些平衡之间的相互平衡是一个有机的平衡结构，这一平衡结构是社会生产中货币资金运动的收支平衡，这些平衡又集中反映到财政收支平衡上。物资供求运动是货币收支运动的物质基础。货币收支运动的形态又是物资供求运动形态的表现形式。因此，财政收支、货币收支、外汇收支的平衡必须要求物资供求的平衡。信贷、现金、外汇、财政收支平衡，是社会购买力对物质需求总量与生产供给物资总量之间的平衡，这是社会总需求与社会总供给之间的平衡。

（五）关于财政政策管理中的赤字预算

我国的财政政策的基本出发点是收支平衡，即政府支出等于税收，增加财政支出的同时，税收也要以等量增加，财政扩张与收缩力相互抵消，但要注意这时国民收支总量就要发生等量增加变化。就是说税收与支出的变动会引起国民收入变动量成倍地大于政府支出与税收的起初变动量，这是由于平衡预算中存在乘数——加速原理的作用。税收增加的缩小效应小于等量增加支出的扩张效应。政府支出的增加，是总体支出量上的增加。而税收增加，在其整体上不是总支出的减少，而是税收增加部分被储蓄的减少所吸收,只有其余部分被消费,或总支出减少所吸收。

在财政管理政策中,为了维护国民经济持续、稳定、协调的发展,就要运用财政平衡预算。一般情况下,在经济发展不景气时期,财政就要增加政府支出,减少税收,降低利率,刺激社会消费,扩大基建投资,增加商品购买,增加劳务使用量,加大政府转移支付等,从社会整体经济与整体效益出发来运用财政管理政策。在经济发展过热中,财政就要减少政府支出,增加税收,提高利率,抑制总需求,控制通货膨胀的幅度。

财政的平衡预算实际上与客观经济发展是有距离的。尤其是经济周期波动的出现,财政往往要出现不同程度的赤字。在国民经济发展不景气时期,运用适度的赤字预算,刺激总需求,减少失业,发展生产,来增加国民收入。当政府的支出大于政府税收时,就要出现财政赤字。在社会有效需求严重不足情况下,财政赤字能够以指数曲线来驱使国民收入增长。当政府的支出大于政府税收时,其差额要靠政府发行公债来弥补。向企业、居民发行公债,会减少社会支出。向专业银行发行公债,会减少社会贷款,也会减少社会支出,这样会产生挤出效应,不利于经济的恢复发展。最好的办法是人民银行向各专业银行发行公债,这样不产生挤出效应,即不减少社会支出与社会贷款,相反会促使国民经济的发展,改变国民经济不景气状况。这是由于一方面政府把公债作为存款交给人民银行,人民银行交给政府财政以支票簿,财政可以把支票作为货币使用,用于增加政府支出,来扩大市场的总需求,导致生产恢复发展;另一方面,公债作为存款于人民银行,直接增加人民银行的存款储备,通过专业银行的创造系统,货币供应量以乘数——加速原理增加,这样货币总量增加,也不影响利率上升,投资需求也会增长。因此,从国民经济发展的客观实际出发,在政治稳定、社会稳定、经济稳定的前提下,从国民经济整体效益出发,实行适度的赤字预算,是有利于国民经济的恢复和发展的。不过,这完全取决于当时的国内外政治、经济的环境而定。

我们认为赤字预算适用于国民经济不景气时期,但也有潜在的问题,使用要谨慎为好。在经济过热时期,绝对不能实行赤字预算。而应当采用相反政策,减少政府投入及支出,增加税收,抑制总需求,产生财政盈余,来偿还债务,但有通货膨胀的危险。最好的办法,在经济过热时期,应将财政盈余冻结国库,以备不景气时使用。

总之,赤字预算弊大于利,我们的原则是不利用赤字预算,只有特殊的情况例外,如发生战争。应略有结余,强化财政预算的调控力度。建设性预算差额,可通过举借内外债来弥补,但债务规模和结构与预算期内经济增长和支付能力相适应。同时,在差额预算中,要强化税收征收管理,严格以法治税,以税收的增加来弥补建设性预算差额。

(六)综合财政学的诞生展示了整体管理论发展远景

综合财政学是一门崭新的学科。它以马克思主义政治经济学和财政学作为基础,运用部门经济管理学、货币金融学、经济学、企业财务管理学等其他社会科学的理论和方法,特别是运用现代数学的若干方法以及系统论、控制论等新兴科学的成就所进行的综合研究和实践。它是对国家财力综合计量、综合分配、综合指导基础上形成的一门新兴学科。

它把社会经济视作一个庞大而复杂的整体,不仅存在着相互牵制的系统、层次、结构和比例关系,而且还必须保持动力机制和综合平衡,实现自觉的调节和有效的运行。在社会生产、分配、交换和消费四个环节中,分配是连接生产和消费的桥梁,占有举足轻重的地位。如果按传统的理论把着眼点只放在财政资金、信贷资金等单项财力的分配和管理上,就容易忽视同其他财力的配合与协调,使本来可以通过社会财力的综合分配而产生的"合力"被扼杀。例如,工资分配、价格分配、信贷分配、企业财务分配、财政分配等形式,都有其自身量的规定性,而这些量又是相互联系、彼此制约的,协调不好就容易发生扩大再生产排挤简单再生产,生产和建设挤占人民生活的现象,从而引起社会经济生活的混乱。各单项财力的运动不但形不成"合力",反而政出多门,各自为政,彼此抵消力量,如财政和银行在投资上缺乏统一计划和配合,就会使固定资产投资规模失控等等。

当前,社会经济发展很快,社会的发展牵涉到工农业生产、商品流通、资源开发、环境保护、生态平衡、人口就业、文化教育等各种复杂的因素,它们相互联系、彼此交叉,构成一个系统整体。如果忽视从宏观的综合角度协调社会发展中的各种因素,就会顾此失彼、相互抗衡,阻碍社会前进。

因此,社会发展要求经济与社会的综合管理,要求把社会发展中的全部要素协调统一起来,而这一切都离不开人力、物力和财力的保证。由此决定了综合财政在社会经济发展中的任务是:通过财力的分配与管理,促进生产发展、流通扩大、经济效益提高,促进资源合理开发,促进文化、科学、卫生、教育事业的全面协调发展,促进生态平衡与生产力的合理布局等等。

随着科学技术的发展,财政综合的趋势越来越明显,并为其进一步发展提供了各种条件。特别在我国财力不足、物力缺乏的条件下,综合财政在我国具体条件下发挥着独特的综合、协调和互补作用。

综合财政的内涵是研究一定时期内各类资金的总量,而外延是研究整个社会资金,它从这一侧面再次证明了整体管理的必然性,并展示了广阔的发展前景。

三、货币政策管理

货币政策管理同财政政策管理都是整体管理论中结构管理的重要组成部分。货币政策管理的目标是调节国民收入与稳定物价水平。货币政策管理是指通过中央银行的宏观管理职能,控制货币发行总量,把握信贷总规模,掌握信贷资金投向,有效运用利率——准备金——贷款——汇率——股票——债券等金融手段,促进国民经济总量平衡和结构调整,使国民经济持续稳定协调发展。

(一)货币与银行

社会主义制度下的货币仍是一般等价物,是国民经济实行计划管理和经济核算的重要工具,是实现社会商品生产、交换、分配和消费的重要手段。货币具有价值尺度、流通手段、支付手段、积累手段和储蓄手段的职能。在社会主义有计划的商品经济下,对人民币实行科学的政策管理对于稳定经济、技术、社会的发展起着重要的作用。

中央银行是人民币发行中心、信贷中心、结算中心、出纳中心,是国库财政收支的代理机构,它对各专业银行进行领导与管理,并定期对专业银行和其他金融机构进行监督、稽核和检查,实行对专业银行资产负债比例管理和资产流动比率管理。专业银行通过贷款、存款、现金出纳,创造存款。专业银行执行国家产业政策,承担经济调控职能,实行企业化管理,自担风险,自负盈亏。专业银行应改变流动资金统包局面,对那些虚盈实亏、亏损挂账、应拨欠拨、应补未补、流动资金自行减少的企业,财政与银行应采取果断措施,改革流动资金管理办法。另外,银行和财政应强化对固定资产与新增流动资金的配套管理,坚持谁投资、谁贷款、谁匹配投产后新增流动资金。改革货币发行体制和信贷资金管理体制,建立有权威的中央银行系统,是理顺"财政——信贷——发行"三者关系,解决信贷资金供给制问题,克服企业吃银行资金的大锅饭,专业银行吃中央银行的大锅饭现象,这是强化宏观调控手段的关键所在。银行对于合理分配资金、调节社会生产、进行经营监督、改善经营管理具有重要的作用。银行货币的供求总量对于国民经济活动有直接的导向作用。货币供给总量和货币流通速度制约着生产、就业和价格水平。一般认为,货币供给总量应用如下公式:

货币供给总量=货币数量×货币流通速度

=价格×商品总产量

除货币总量等于社会商品总量与价格乘积外,货币自身要有一个适量的增长速度。这一增长速度要与经济增长速度相适应为宜。

(二)货币与银行业务

在我国,中央银行应当是银行的银行,它不向社会执行专业银行类似的业务,只是对专业银行进行领导管理和借贷业务。中央银行接受专业银行存款,自身不保持准备金。中央银行通过专业银行现金准备率以控制专业银行存款。它运用公开市场活动来影响专业银行创造存款的能力,即向社会市场购进或售出政府发行的有价证券,以创造或压低专业银行的存款。中央银行在经济发展过热的情况下,出售证券,以降低专业银行在中央银行的存款,抑制经济发展速度过快;在经济不景气时期,在市场购进证券,通过增加社会货币流通量,扩大银行存款与贷款刺激经济发展。

货币政策有这样几种:一是发展性货币政策。通过增加货币供给量与刺激社会总需求增长的货币政策,货币总量增加,利率下降,贷款增加,刺激总需求提高,投资项目、社会消费、政府支付增加,市场活跃,生产开始回升,失业人数减少,经济得到发展。这种发展性货币政策适用于社会总需求与社会生产力极不景气的时期。二是收缩性货币政策。通过削减货币总量,来降低总需求水平的货币政策。货币总量减少,利率上升,信贷困难,抑制总需求的增长,投资项目、社会消费、政府购买与支付减少,市场疲软、导致生产降温,使经济高速度发展得到控制。这个政策适用于社会总需求膨胀,经济发展速度过快时期。三是结构性货币政策。我们主张,在经济发展速度失控时期采用货币总量控制,减少货币发行量,提高银行利率,减少贷款,抑制总需求使生产减速,使经济得到均衡发展。这种政策会出现一定时期的市场疲软与生产不景气、流通不畅的现象。在这种情况下,应当不失时机地实行发展性货币政策,增加货币发行量,降低利率,增加贷款,刺激总需求,诱发生产发展,使经济的波动幅度不要过大,速度不要过快。在实行结构性货币政策时,应注意同运用财政政策、消费政策、税收政策等形成一个有机的结构政策管理体系,并与行政、经济、法律手段相结合共同实行。在执行结构性政策管理时,要防止"一刀切"和急于求成的倾向。在收缩性货币政策管理中,应注意农业、交通、能源、原材等项目的货币倾斜政策。再有国民经济计划体制应加强科学管理和超前预测,总量调控应循序渐进,不能过急过猛,还要特别注意,经济过冷过热不是一个简单的经济现象,而是一个复杂的社会巨系统众多要素作用的结果。因此,我们要特别注重结构性政策管理的运用。

(三)对货币总量进行宏观调控的基本手段

一是计划手段。所谓计划手段是指通过信贷计划来控制中央银行在计划年度对专业银行的贷款额度,从而控制货币供应总量。也就是说,信贷计划与资金分开管理,对专业银行分别下达指令性和指导性计划。在一般情况下应坚持多存多贷,少存少贷原则。根据计划期货币供应量的适度增长率,测算出计划期的货币供应总量。根据货币供应总量与贷款额的比例,计算出计划期需要增加的贷款额度。再根据各专业银行贷款额与中央银行贷款额的比例,计算出中央银行对专业银行在计划内贷款的增加额度。专业银行的贷款额,就是宏观控制的货币投放量。

二是准备金控制手段。存款准备金手段对货币供应量的调控作用,是通过存款准备率的变动而实现的。中央银行应适时调控存款准备金率,并成为法定存款准备金的保管者,而不应把专业银行上缴存款准备金,通过再贷款方式全部返还给专业银行,这样能增强中央银行对货币的调控力度。当社会总需求小于社会总供给时,可降低存款准备率,扩大专业银行的贷款规模和社会总需求,当社会总需求大于社会总供给时,可提高存款准备率,缩小专业银行的贷款规模和社会总需求。

三是利息率控制手段。利率包括中央银行对专业银行再贷款利率,也包括专业银行对社会用户的贷款利率。中央银行的利率直接影响制约专业银行的成本及贷款的需求量,同时也制约专业银行对货款用户的利率,从而影响贷款用户的成本和贷款需求额度。也就是用利率的调控,来调节货币在社会上的流量,使总需求与总供给相适应。

四是贴现率调控手段。专业银行对贷款用户进行贴现和中央银行对专业银行进行贴现来控制货币供应总量。在经济不景气时,中央银行对专业银行、专业银行对贷款用户降低贴现率,放宽贷款,专业银行向中央银行增加借款准备金,扩大社会贷款,利率下降,货币总需求增加。当经济过热时,中央银行对专业银行、专业银行对贷款用户提高贴现率,社会贷款减少,专业银行准备金也减少,货币供给量减少,利率上升,导致总需求减弱。

五是公开市场业务调控手段。当社会总需求大于社会总供给时,中央银行向金融市场抛售一定数量的有价证券,相对货币回笼,从而减少社会货币供应量。当社会需求小于社会总供给时,中央银行从金融市场购进一批有价证券,相对投放货币,从而增加社会货币的供应量等。

四、宏观经济模型

对社会经济系统进行整体管理时,应建立能够正确地反映这一客体,并能够实现控制这一系统的各种模型。马克思说过,经济分析不能用显微镜,也不能用化学试剂,只能用抽象力。各种经济模型正是由其相对应的经济系统的经济信息抽象、汇集后建立起来的。经济数学模型是最常用的经济模型,它是经济系统高度数学控制的产物,广泛地应用于经济学以及现实经济工作领域中。经济数学模型的出现,使经济学和经济工作的进程跨上了一个新的台阶。正如马克思说的,任何科学,只有成功地运用数学,才能达到完善的地步。

经济系统具有复杂的层次结构。不过,结构层次一经设定,系统相应的要素、整体的功能等方面也具有相应的确定性。所以,宏观与微观、必然与偶然等都是差异的统一。经济系统的层次结构虽然复杂,但在特定的观察层次上是可以相对地把握的。

一般地,在特定的宏观层次上,设构成社会经济系统的要素(或子系统)为 $x_1, x_2 \cdots \cdots, x_n$,它们以一定的组织关系 F 构成一个社会经济整体 y 那么,这一社会经济系统可以简明地表示为如下数学模型:

$$F(x_1, x_2 \cdots, x_n, y) = 0 \tag{1}$$

或者 $y = f(x_1, x_2 \cdots, x_n,)$ (2)

考虑到系统的输入、输出功能,历时性以及较精密的数学结构表示方法,一般系统论也常用如下的结构联系方程、功能联系方程和历时性方程来表示:

$$\frac{\partial X_i}{\partial t} = F_i(x_1, x_2, \cdots x_n, y) \tag{3}$$

$$\frac{\partial Y_i}{\partial t} = F_{n+1}(x_1, x_2, \cdots x_n) \tag{4}$$

$$y_i = \varphi_i(u_1, u_2, \cdots, u_m) \tag{5}$$

$$i,j = 1,2,\cdots, \qquad n$$

$$\begin{cases} x = x(t) \\ y = (y)t \\ U = u(t) \\ Y = Y(t) \end{cases} \qquad (6)$$

（1）～（6）的数学模型都可以全面或部分地说明经济系统，其中（3）—（6）的模型在于较精密的理论分析说明，（1）和（2）的模型在一般的经济理论及实践中运用得最多。

具体运用系统方法对社会经济系统的运动作宏观分析和管理的模型很多，如下两类具有代表性，即马克思在分析社会再生产运动时所用的两个部类模型和近代西方经济学中用于分析经济系统的宏观经济模型。

马克思在分析社会再生产运动时，划分出如下四个环节（子系统）的经济循环系统：

——生产——分配——交换——消费——生产——

在进一步分析国民经济时，可以大略地简单地把国民经济分成两大部门，即生产资料的生产和消费资料的生产，相应的模型可以写成：

$$P_1 = C_1 + V_1 + MC_1 + MV_1 \qquad (7)$$
$$P_2 = C_2 + V_2 + MC_2 + MV_2 \qquad (8)$$

其中 $MC + MV = M$，MC 为 M 中用于增加生产资料消耗的部分，MV 为 M 中用于补充生产人员的劳动工资和其他非生产性开支的部分。第二部类为了扩大再生产，所需生产资料即要有 C_2，也要有 MC_2，这两者都要求第一部类的交换，而第一部类到第二部分交换生活消费资料的也不仅有 V_1，而且还有 MV。因此，在扩大再生产的情况下，两部类保持平衡的条件是 $C_2 + MC_2 = V_1 + MV_1$。设 $a_{c1} = \dfrac{C_1}{P_1}$ 和 $a_{c2} = \dfrac{C_2}{P_2}$ 分别为第一和第二部类的消耗系数，即各部类生产单位价值的产品所消耗的生产资料份额；$b_{c1} = \dfrac{MC_1}{P_1}$ 和 $b_{c2} = \dfrac{MC_2}{P_2}$ 则可推得扩大再生产平衡条件下的经济系统控制（管理）模型：

$$P_1 = \frac{(a_{c2} + b_{c2})}{1 - (a_{c1} + b_{c1})} P_2 \tag{9}$$

其控制图如下：

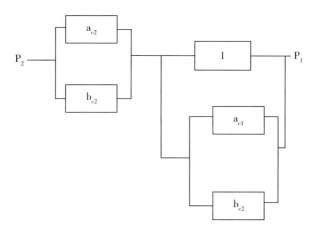

图 2-2　控制图

该模型由前后两个串联的子系统构成。前一个子系统反映第二部类的情况，它又由两个更小的子系统构成。其经济含义是：在扩大再生产的条件下，要产生消费资料 P_2，就必须有两部分生产资料，一部分用于简单补偿原来消耗的生产资料 $C_2 = a_{c2} \cdot P_2$，另一部分用来补充追加的生产资料 $MC_2 = b_{c2} \cdot P_2$，这两部分生产资料 $(a_{c2} + b_{c2}) \cdot P_2$ 都要向第一部类交换，由此形成图中串联子系统中后一个子系统的输入。后一个子系统反映第一种类的情况：第一部类为了能向第二部类提供所需的生产资料 $(a_{c2} + b_{c2}) \cdot P_2$，就得增加本部类的生产资料，形成一个反馈系统，其正向变换系数为1。反馈部分又可细分为两个更小的子系统，一个子系统的变换系数为 a_{c1}，另一个为 b_{c1}。因此，在计划生产出价值为 P_2 的消费资料的前提下，应当生产出多少生产资料才能满足扩大再生产的平衡条件，则取决于 a_{c1}、a_{c2}、b_{c1}、b_{c2} 这四个系数。换言之，在国民经济宏观管理中，上述四个系统即成为控制整个社会扩大再生产的关键数字。把马克思两部类再生产控制模型扩展于现实中几个部门的生产分析，则可得到投入—产出经济控制模型。

X_1	C_{11}	C_{12}	...	...	C_{1n}	Y_1
X_2	C_{21}	C_{22}	...	...	C_{2n}	Y_2
...	...	...	...	...	...	...
X_n	C_{n1}	C_{n2}	...	...	C_{nn}	Y_n
	V_1	V_2	...	...	V_n	
	M_1	M_2	...	...	M_n	
	X_1	X_2	...	...	X_n	

图 2-3

图 2-3 中 $x_1, x_2, \cdots, x_n$ 别表示各个部门的全部产品价值,$v_1, v_2, \cdots, v_n$ 表示相应各个部门和劳动工资,$m_1, m_2, \cdots, m_n$ 表示各相应部门的剩余产品,$Y_1, Y_2, \cdots, Y_n$,为各相应部门的最终产品,$C_{ij}(i,j = 1,2,\cdots,n)$ 表示从第 i 部门流向第 j 部门的生产资料的价值。该表存在两方面的平衡关系:

竖向相加为某部门内生产消耗的平衡关系,即:

$$X_j = (C_{1j} + C_{2j} + \cdots + C_{nj} + v_j + m_j)$$
$$(j = 1,2,\cdots,n) \tag{10}$$

横向相加表示某部门产品的分配关系,即:

$$X_i = (C_{i1} + C_{i2} + \cdots + C_{in} + Y_i)$$
$$(i = 1,2,\cdots,n) \tag{11}$$

生产资料的消耗系数为 $a_{ij} = \dfrac{C_{ij}}{X_i}$,则上面两个平衡关系可以写成如下形式:

$$\begin{cases} X_j = a_{1j}x_j + a_{2j}x_j +,\cdots, + a_{nj}x_j + v_j + m_j \\ X_i = a_{i1}x_1 + a_{i2}x_2 +,\cdots, + a_{in}x_n + Y_i \end{cases}$$
$$(i,j = 1,2,\cdots,n) \tag{12}$$

令 $a_i = a_{1i} + a_{2i},\cdots, + a_{ni}$,则上述方程组可简化为:

$$\begin{cases} X_j = \dfrac{v_j + m_j}{1 - a_1} \\ X_i = \dfrac{\displaystyle\sum_{j \neq i}(a_{ij}x_j + x_j)}{(1 - a_{ij})} \end{cases}$$

$$(i, j = 1, 2, \cdots, n) \tag{13}$$

化简后的方程第一式是典型的再生产控制模型。第二式以矩阵表示，则部门产品分配模型为：

$$X = AX + Y \tag{14}$$

其中，X 为全部产品的价值向量（其分量即为 X_i），Y 为最终产品向量（其分量为 Y_i），A 为以生产资料消耗系数 a_{ij} 而为元素的 n 阶方阵。上面的结构模型经移项后可得：

$$X = (1 - A)^{-1}Y \tag{15}$$

其中 1—A 即为著名的"列昂惕夫矩阵"，模型（15）所反映的是如图 2—4 表示的反馈控制系统：

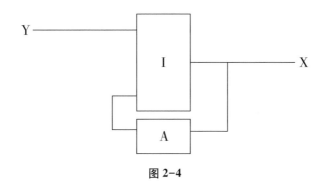

图 2-4

该系统的含义是：根据社会对最终产品的需要量，按产品的生产资料消耗系数来确定应生产的全部产品价值。

20 世纪 30 年代资本主义大危机后，一些西方经济学家注意到调节市场的那只"看不见的手"的局限性，认识到全部单独的厂商、消费者等行为的综合，未必与整个社会经济的动态相吻合，于是发展出与传统微观经济学相对的宏观经济学，它要立足于宏观的层次，对国民经济作出整体的分析，据此达到整体管理的控制目的。宏观经济学的模型首先是凯恩斯的四部门经济模型，它把整个国民收入分为四个要素来源部门，即厂商、居民户、政府和国外，其间的国民收入流量循环如图 2-5 所示：

依此图形，有：

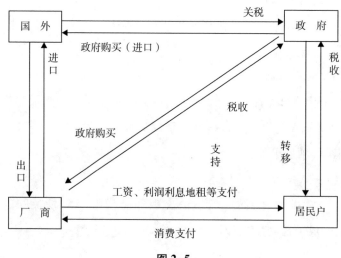

图 2-5

$$C + S + T + M = + C + I + G + X \tag{16}$$

或者：

$$S + T + M = I + G + X \tag{17}$$

其中：C——消费

S——储蓄

M——进口

T——税收

I——投资

G——政府支出

X——出口

在(17)式中,如果 $S + T + M > I + G + X$,则国民收入收缩。如果 $S + T + M < I + G + X$,则国民收入扩张;如果 $S + T + M = I + G + X$,则国民收入均衡。

由此看来,消费、投资、政府支出与出口对于国民收入而言都是扩张性的力量,称为"注入";储蓄、税收、进口对国民收入而言,都是收缩性的力量,称为"漏出"。这样,根据模型(17)即可依据各种成分的变动性质对国民收入的变动作出整体的、宏观的调控。

在(17)式的平衡模型基础上,汉森和萨缪尔逊把乘数原理与加速原理结合起来并考虑到时间因素,构成如下的可控制数学模型:

$$Y_t = C_0 + bY_{t-1} + I_0 - ab(Y_{t-1} - Y_{t-2}) + G_t \tag{18}$$

其中,a 为加速系数,可体现加速原理的作用;b 为边际消费倾向,由于边际消费倾向决定乘数的大小,所以可体现乘数原理的作用。因此,(18)式是乘数与加速原理结合起来说明国民收入变动规律的模型。在这一模型中,通过控制自发消费 C_0、自发投资 I_0、政府支出 C_t,边际消费倾向 b,加速系数 a 的数值,便可达到对国民收入整体变动的相对控制。

除了上述两类宏观经济模型外,近代西方经济学中也发展出了其他一些较为实用的模型。如"柯布—道格拉斯生产函数模型",其形式为 $Y = AK^\alpha L^\beta$,它要说明投入因素资本(K)和劳动(L)是如何影响整体产出(Y)的。此模型经进一步变换也可用来测定技术因素的变动影响。再如为说明经济的整体增长的"哈罗德—多马模型",其形式分别为 $G = \dfrac{S}{C}$ 和 $G = \delta S$,两者都是要说明储蓄 S 对经济增长 G 的影响。此外还有为控制国民收入的货币主义模型、供应学派的税收变化影响模型等,所有这些模型都有一个共同的特点,即对国民经济的分析、管理、控制已远远超越了传统的微观经济,在宏观上把国民经济作为一个系统整体来对待,以宏观的经济模型演变结论去控制宏观经济。这些模型都有不同程度的局限性,所以,钱学森同志提出了:"定性(专家意见)与定量(计算机的合算)相结合的综合集成法",这种方法简单地说就是根据多方面专家的意见建立模型,将此模型计算的结果由专家评审,依据评审意见再进一步修改模型,依此反复多次,就可最大限度地接近复杂的社会经济实践。此外,郭俊义同志提出的"广义量化方法"也是一种很适用的方法。这些都是研究复杂的社会经济巨系统的较好的方法①。

---

① 参见乌杰主编:《系统理论与区域规划论文选》。

五、计划管理

党的十三大提出,我国的经济是有计划的商品经济,计划与市场是有机的统一体。计划管理是宏观管理的主要职能之一。严格地说,计划管理属于产业政策管理的重要内容,但由于习惯的提法,把它单列出来。计划管理是指国家通过对各种经济总量的控制,实现经济结构的最优化,达到国民经济发展所要求的目标而进行的管理。它包括宏观目标所采取的措施与手段。计划管理根据社会基本经济规律和计划经济与市场调节相结合的基本原理,结合本国经济社会实际情况和资源特点,依据社会需求,有计划地安排国民经济各个部门,再生产各环节的重大比例关系、发展速度和生产规模,有效地利用人力、物力、财力,以促进国民经济的协调发展。宏观计划管理包括:人口计划、农业生产、工业生产、交通运输、基本建设、国内商业、对外贸易、文教卫生、科学研究、物资供应、劳动工资、成本与流通费用、价格、财政、信贷、综合利用等计划。宏观计划管理有三种形式,一是战略计划,它在时效上一般为10年以上的目标安排;二是中长期计划,它在时效上一般为5~10年,它对国民经济各部门的发展速度、规模、比例关系以及重大基建项目、生产力布局等作出规划,为国民经济发展远景规定目标和方向;三是短期计划,它是根据中长期计划的要求,依据当前国民经济发展的实际情况进行制定,它主要对中长期计划所规定的任务,作具体的安排和适当的调整与补充,以保证中长期计划的完成。

计划与管理具有同一性,计划本身包含着管理,而宏观管理需要计划。计划管理在这里有三个层次的内容。首先,从广义讲,计划管理包括宏观的产业结构政策的制定与实施,也包括中观的配套管理。其次,从狭义讲,如果中长期计划是我们熟悉的五年计划,那么短期计划就是年度计划。各个层次的计划都是根据各个层次的战略发展和产业结构制定的。因此计划有广义与狭义之分、有宏观、中观与微观之分,并产生了计划的多层次性,国家有国家计划,省、市、地区、县、企业也都有自己相应的计划。最后,计划有自己的结构性,它包括了计划本身的量、质、序。序就是计划的布局、效益,或者就是生产力的布局,生产要素的有效的投入与产出。近40年来,计划执行的不理想,主要是对制定计划的程序、方法、内容、实施、检查没有一个科学的、规范的方法体系。"我国的第一个五年计划(1953—1957年),资料具体,内容翔实,速度恰当,比例适宜,是一个决策正确的计划。第二个五年计划,只通过了一个建议方案,还没有来得及编制正式计划,第三个、第四个、第五个五年计划也都只制定了计划纲要和计划设想。"①这种随意性太强的计划,有人称为有情的计划、无情的市场。还有对计划本身的理解太简单,认为只是一个量的概念。把计划与市场对立起来,其实它们是一个有机的结构整体。计划的大小、范围、程度、质态与序态的规定,取决于产业结构的状况和生产力水平的发展,以及市场的价格变动等,这决不是人为想象出来的,也不是加减法拼起来的,尤其与国家所处的大环境(是战争,还是建设)紧密联系在一起的。无论哪个国家,只要它处于战争状态,它的计划就多些,计划性就强些,反之亦然。其次,计划又可分为指导性和指令性。有计划的商品经济,是由多因素、多层次组成的一个有机系统,它有计划的因素,也有市场的因素,计划和市场都是覆盖全社会的,形成立体的网络结构,它们的综合作用,共同促进社会主义生产力的发展。

改革计划体制,加强计划管理,保持国民经济各重大关系总量平衡,结构合理,速度适宜,使国民经济持续稳定协调的发展,是计划管理工作的出发点和归宿。为实现这一目标,就必须改革计划体制,加强计划管理工作,强化计划管理职能;必须把对全社会经济活动的预测——规划——指导——调控作为计划管理工作的重点来抓;必须依据有计划商品经济的实际情况,调整指令计划——指导计划——市场调节的范围,搞好国民经济的综合平衡。必须自觉运用整体效益规律——价值规律——供求规律;主动运用经济政策——经济杠杆——经济法律,调控经济活动;必须严格确定目标——预测未来——预算目标——制定政策等计划管理的程序,以保证计

① 《当代中国的经济管理》,中国社会科学出版社1985年版,第516页。

划目标——计划决策——计划管理的可行性、有效性和科学性。计划管理的宏观调控体制是保证计划管理顺利运行的关键所在。因此建立以国家计划为主要依据的经济——行政——法律手段综合配套的宏观调控体制,特别要健全间接调控机制,即运用价格税收——利率——汇率等手段调节经济运转。同时,进一步理顺计划——财政——银行的关系,改进审计——统计——物价——税务——信息——计量——工商行政管理部门的工作,更好地为调控经济运转服务。计划管理在保持全国经济一盘棋的原则下,要充分调动中央、省区市、地市县各级计划管理的主动性和积极性,明确划分中央与地方之间人事权、财权、调控权的界限,增强宏观计划管理的力度。计划管理中的重要指标、基本建设、技改项目要有方案筛选——咨询——论证——决策——监测——反馈修订等规范化、制度化的审批权限和审批程序,以保证计划管理的严肃性和权威性。

第二节　中观管理

在结构管理论中,我们阐述了产业、财政、货币、计划四大支柱的结构管理,这些都是宏观管理的主要内容。它是建立在产业结构政策基础上的系统管理方法。我们现在要研究的是结构管理中的中观管理。中观管理是整体管理论中的重要组成部分,它介于宏观与微观管理之间,即介于国民经济整体与各个经济单位之间的管理。中观管理是经济中介层次的运行管理环节。在传统的国民经济管理中,有宏观管理和微观管理两个范畴,而对两者之间大量的计划、组织、协调和市场调控管理工作,提及的不多,这是经济管理中的一大缺陷。整体管理论中的结构管理把中观管理视为不可缺少的组成部分来研究具有很重要的意义。一方面,中观管理是根据宏观管理的方针政策与计划目标,结合本部门、本地区的实际情况,提出所辖地区与部门的计划、目标、实施方案与措施,并搞好部门的协调与组织实施,这是行政性的中观管理。另一方面,中观管理具有宏观与微观管理的中介性;中观管理连接社会和企业,具有承上启下的过渡性;中观管理可分为大小不同的层面,具有明显的层次性;中观管理还具有很大的灵活性。在企业——市场——国家的序列中,企业是基础的环节和核心,市场和国家都要为搞好企业服务。从国家管理企业的角度看,企业是社会主义商品生产者和经营者,完善的市场体系是企业必备的条件,而这种市场体系又必须是有计划的,或者说是国家计划指导下的市场体系,这是经济系统的中观管理。在国家——市场——企业的序列中,国家通过市场或以市场为中介来管理企业,其经济运行模式可以概括为:国家计划通过多种经济参数和经济政策调节和控制市场,通过市场引导企业,对企业实行间接管理;同时,对市场不完善而又关系国计民生的领域,实行一定的直接控制,但也要注重市场需求和价值规律的作用。这充分体现了中观管理具有"中介性"和灵活性的明显特征。因此,它比宏观管理容易把握,比微观管理回旋余地大,它属于各部门和地区经济的管理,易于进行各区域、各部门的协作,进行经济结构的调整,使生产规模迅速扩大。中观管理作为地区与部门各独立企业与经济单位的有机综合,作为生产力各要素的更大规模的有机管理,主要受中观经济的市场机制、价值规律、地区与部门效益规律的支配,同时又受宏观管理计划机制的支配。中观管理主要是市场管理及与其配套的税收、物价、工商等综合的经济手段管理;还包括部门间的协调调度、行业管理等,因此称为中观。当然,市场与税收、物价等也都是覆盖全社会的,具有宏观整体管理的品格,只不过这些中观管理是为了进一步配合宏观产业结构管理的下一层的管理手段。

一、市场管理

市场是与商品经济联系在一起的,而个人劳动不能成为直接的社会劳动,商品也就必然要存在。商品经济的存在和发展,是与社会分工(劳动分工)和私人劳动分不开的。这里的私人劳动是指生产者各自从事的劳动。在公有制条件下,也存在个人劳动的分工,因而也不是社会的直接劳动,商品经济也自然的就要存在下去了。同时由于我国脱胎于半殖民地、半封建社会,生产力远远落后于发达的资本主义国家,需要大力发展商品经济,这是"不可逾越"的历史阶段。因此市场机制的管理就具有十分重要的意义。

马克思说:"人的依赖关系(起初完全是自然发生的),是最初的社会形式,在这种形式下,人的生产能力只是在狭小的范围内和孤立的地点上发展着。以物的依赖性为基础的人的独立性,是第二大形式,在这种形式下,才形成普遍的社会物质变换、全面的关系、多方面的需要以及全面的能力的体系。建立在个人全面发展和他们共同的、社会的生产能力成为从属于他们的社会财富这一基础上的自由个性,是第三个阶段。第二个阶段为第三个阶段创造条件。"[1]在这里马克思说明了以下几个思想:(1)人类社会的发展,是以人为中心整体推进的。马克思也正是从这一点出发,考察了三个社会形态的结论。(2)在第二阶段是"以物的依赖性为基础的人的独立性",这正是资本主义阶段和我们社会主义初级阶段。由此也可以看出,我们的社会主义商品经济的"不可逾越性"。(3)"物的依赖性"正是商品经济的物质基础,是向"自由个性"过渡的历史阶段。第一,"市场"和社会分工——即马克思所说的"任何商品生产的共同基础"这一概念是完全分不开的。哪里有社会分工和商品生产,哪里就有市场。市场和社会劳动专业化的程度有不可分割的关系。列宁指出:"市场不过是商品经济中社会分工的表现,因而它也和分工一样能够无止境地发展"。[2] 由此可见,市场是与劳动的分工联系在一起的,劳动分工越细,市场也就越发达。第二,市场的管理,需要具备以下特性:(1)自主经营的生产,彼此独立平等地在市场内进行交换和经营,平等交换商品。(2)生产者交换自己商品的等价物,实现商品价值,以价值规律为中心的市场结构。(3)生产者在市场竞争中生存与发展,生产要素在市场中充分流动,市场必然成为竞争的场所。(4)生产者在交易方式上将逐步由货币经济转向信用市场。(5)生产者的交换关

① 《马克思恩格斯文集》第8卷,人民出版社2009年版,第52页。
② 《列宁全集》第1卷,人民出版社2013年版,第81页。

系由法律去保障——转化为法制市场。第三,在社会主义条件下,市场与计划是一个有机的多层次的整体结构。不可能人为地把它"结合"与"分开"。并且市场结构也是多层次的,有全国的、有地区的、有县市的,有外国的、国内的等等。

关于计划与市场的"结合"问题,国内理论界讨论激烈,各说不一。但有一点必须明确:它不是人为的结合。在以公有制为主体的社会主义市场的性质,是不同于资本主义的市场,其主要标志是国家与市场的关系上。国家要不要或能不能调节市场,资本主义国家调节市场是有很大局限性的,因此,在宏观层次上实行的整体管理,只有在公有制的基础上才能真正实现。长期以来,社会主义国家没有注意和实施整体管理,公有制的优越性也就无法充分显示出来。这是区分有计划商品经济和盲目自发的完全的市场经济和资本主义有控的市场经济的一个重要标准。我国商品经济不发达,发展商品经济是我国经济发展不可逾越的历史阶段。这已为现代社会经济发展所证明的真理。凡是商品经济不发达的社会,不论其社会制度如何,都是贫穷落后的社会。然而,商品经济又必须是有计划的发展,这是社会主义公有制的客观要求,这是毋庸置疑的。因此,计划性与商品性相结合,是社会主义商品经济的本质内涵,也是社会主义商品经济特殊性的关键所在,它既不是完全的计划经济,也不是完全的市场经济。但是,在经济运行的各个环节和经济管理的各个层次上,计划性和商品性的结合又有不同的特点。

从微观经济活动和层次上说,企业内部的计划性和商品性的结合,不仅限于生产过程及其管理过程,在相当大的程度上还取决于市场状况,取决于外部条件;从宏观经济活动和层次上说,必须自觉地依据和运用价值规律(或不完全依据价值规律),而价值规律的作用又离不开市场。

因此,宏观经济和微观经济的结合,将来越来越多地通过市场来实现,这就是中观管理的必要性和重要性的体现。然而这种市场必须是有计划的市场或计划指导下的市场。国家只能运用经济的、行政的、法律的手段,才能逐步创造出符合有计划商品经济的市场体系来。它既可以发挥市场的积极作用,又可以减少市场盲目性所带来的种种弊病。从这个侧面更有力地说明了整体管理的必然性和必要性。

当然,完善市场体系,也不能理解为国家直接的统管市场。统管市场,在很大程度上是统管企业。企业是市场的基础,企业与企业是互为市场的。统管市场不可避免地导致旧体制改头换面的复活,妨碍有计划商品经济的健康发展。另一方面,也不能一切听凭市场的摆布,否则迟早会走上盲目自发的市场经济。以国家统一计划为依据,适时地抓住影响市场的根本因素,有目的、有重点地调控市场,这里的关键之点是充分发挥国营商业的主渠道作用,既有利于持久地搞活企业,又能促进商品经济大发展;既能有效地发挥市场机制的积极作用,又能把计划机制与市场机制有机地结合起来。因此,计划与市场的结合,是有计划商品经济发展的客观要求,而不是人为的"捏合"。要真正做到按客观经济规律办事,必须树立整体管理思想。过去我们在市场管理上,今天开放这个,明天关闭另一个;今天这个搞专营,明天那个搞专营,有的关了又开,开了又关等等现象,无不与缺乏整体管理有关。

我国还处于社会主义初级阶段,市场发育很不完善。因此急需要建立和健全全国统一市场体系。进一步完善社会主义消费资料的市场管理,扩大生产资料市场调节机制,不断发展资金市场、技术市场、信息市场、房地产市场和劳务市场,而且要使这些市场成系统、成体系,并有科学可行的市场管理机制。社会主义公有制要求全国形成一个统一的市场管理体制,各地区之间、城乡之间应相互开放,扫除各种形式的关卡壁垒,改变地区封锁和市场分割的状况。在市场管理中"提倡和推行互惠互利,风险共担,扬长避短,共同发展的经济联合和协作"。以建立高效、畅通、可调控的商品流通体系为目标,进一步深化商业、物资体制改革,积极发展多种交易形式,特别是跨地区的综合性或专业性市场组织和商业集团。充分发挥国营物资、国营商业企业、供销社的主渠道与蓄水池作用,进一步发挥集体商业和个体商业的作用。加强市场的组织管理——制度建设——建立竞争规则——健全秩序——完善法制,这是社会主义有计划商品经济整体管理的需要。

二、行业管理

国民经济中不同行业和不同部门是社会分工、科技进步与经济发展的结果。马克思指出："单就劳动本身来说，可以把社会生产分为农业、工业等大类，叫做一般的分工；把这些生产大类分为种和亚种，叫做特殊的分工；把工场内部的分工，叫做个别的分工。"①行业管理与部门管理，同国民经济一般分工有直接联系，同特殊分工有着更为密切的联系。不同行业与不同部门都是国民经济整体管理中的不同组成要素，它们之间有着系统内物质、能量与信息交换的联系。国民经济的各行业与各部门的管理是由经济系统整体管理决定的，也可以说是对各种专门生产同类产品的经济单位进行管理的总和。这里说的同类产品泛指产品经济用途相同，或使用的原材料相同，或技术工艺工程相近。行业管理和部门管理是指对生产同类产品的规模较大，并使生产该种产品过程集中到以专业化的技术装备和专业职工生产时，对这些企业总和所进行的管理，才称得上行业管理。

行业与部门管理的首要任务，就是对本行业和本部门所拥有的生产力和新增值的生产力进行管理布局。行业与部门生产力布局是指生产力在一定地域范围内的空间分布。它取决于社会生产方式，宏观经济产业政策，并受历史、经济和自然条件等因素的制约。行业与部门生产力布局是根据国民经济宏观调控原则和经济发展规律有计划地进行的。行业与部门生产力布局的主要原则是整体优化，合理布局，大局分散，小局集中，充分利用和开发原有工业基地，积极发展沿海——内地——沿边经济，各产业应尽可能地接近原料、燃料产地或产品的消费地区，符合国防安全的需要；有利于专业化协作的配合；充分考虑在较大地区内建立相对独立的比较完整的行业与部门生产力体系和国民经济体系，有利于逐步建成一定地区、省市自治区不同水平、各具特色、规模适度、比例适宜、速度匹配，以及农、轻、重比较协调

① 《马克思恩格斯选集》第2卷，人民出版社2012年版，第214页。

发展的经济体系。行业与部门生产力布局,不仅要受整个国民经济结构的制约,而且要受本行业、本部门内在结构的制约与影响。

行业与部门管理的第二项任务就是搞好基地建设。基地是指经济技术基础在本部门与同行业中比较发达和集中,并能对部门和同行业,或是在一定地域范围内提供技术力量、优质产品和先进的管理经验的地区。例如,粮食基地、钢铁基地、石油基地、化工基地、能源基地等。基地在本部门和同行业的不同地域中,可设置不同的基地,即使是在同行业中基地也不是唯一的,但也不能没有区别的设置多个。基地设置应依据某地区经济技术基础在本部门和本行业中所占据的地位与作用,以及国民经济发展需要和市场需求来确定。国民经济各部门和各行业的基地建设,以及这些基地在再生产过程中相互之间生产技术、物质联系和适宜的比例关系,就构成了国民经济整体生产力布局的主体结构。它是推动整体经济技术社会前进的基础力量,是部门和同行业发展的主导力量。因此,行业管理与部门管理要集中精力抓好基地建设。基地建设一是要注重国民经济各行业间的结构合理、关系协调和国力允许,这属于宏观管理的范畴;二是要注重本部门、本行业的结构联系、数量比例、规模大小,这属于中观管理的范畴;三是对行业内基地建设应通过可行性研究、科学论证等程序,有计划地分配国家积累资金、筹集地方自由基金、引进外资等方式,来进行基地建设,以保证部门、行业经济在国民经济整体中的合理地位与发展速度;四是依据国家经济实力,基地建设需要一定的时间,但尽可能使这个过程缩短些;基地建设要注意技术进步发展的水平、自然资源状况、原材料、能源、水源、动力运输等生产性和非生产性社会需求结构,还要有外向经济发展的趋向,这属于微观管理的范畴。总之,基地建设要坚持可能性、可行性和科学性,它是整体经济尤其是部门与行业经济发展的结构核,是部门与行业管理的主要内容所在。

行业与部门管理的第三项主要任务就是搞好结构调整。在这里结构调整主要是依据生产的社会专业化协作和联合化的客观要求来进行。行业专业化生产是社会发展、技术进步、经济实力增强的结果。它是指许多生产企业从原来企业和部门中分离出来,形成新的企业专一生产过程。它要求企业在生产过程中,只生产一定的成品或成品的某些部分,或完成成品生产过程中的某些工序、工艺和作业,它们配备有专用的机器设备,有特殊的工艺工序以及相应的专业化工人、技术人员和管理人员。行业内的生产协作是指在同行业内部各专业化企业之间,为完成同一产品的各个部分或同一生产过程的不同阶段,而建立起来的生产联系。在这里,专业是协作的基础,协作是专业化的必然结果,两者之间是系统辩证的关系。专业化是把行业生产分解为各个独立的生产企业或部门,而协作又把分解的各个部门联结成为有机的生产系统整体。专业化生产越高,分工就越细,各部门、各行业、各企业之间的相互依存性就越大,协作也就越要给予足够重视。生产协作一种是生产上存在着有机联系的企业之间的协作;一种是相互之间没有任何生产联系的企业之间的协作,其协作范围有劳动协作,生产协作,技术协作,资金协作和物资能源等方面的协作。我们强调按生产技术内在的同行业企业之间的协作。这种协作发展到一定阶段时,就可以组织专业化生产公司。它是把生产某一产品,某一成套设备或相同工艺的专业化企业联系起来组成行业生产公司,这种公司我们称为专业化生产公司。这种专业化生产公司为专业化协作的发展创造有利的组织领导条件,它使企业的生产方式发生根本性的变化,使经营水平、生产水平、管理水平发生质的变化,使经济效益出现指数加速度的增长趋势。这种专业化协作方式的企业组织结构的调整,具有很强的生命力和优越性,是整体优化管理在本行业管理过程中的具体体现。这种专业化协作的生产公司组建过程,是一个中观经济管理过程,它只靠单一企业的行为是难以实现的,它需要借助行业管理的权限和职能来进行。这样的专业生产公司的组建一经实现,其内部的技术进步问题,供、产、销和人、财、物等的统一管理问题,则属于微观经济管理范畴。行业与部门管理到此并没有了结,还要注重专业化生产公司的联合与调整问题。联合大公司或大企业,是以专业化生产企业和专业化协作生产公司为前提条件的。它是指在统一技术基础上,将不同企业、行业和部门的产品或生产各部门联合在一个企业中进行生产的过程。这种联合大公司或大企业不是任意把一些没有直接依赖关系的各种不同部门联合在一起。联合公司或企业有这样的特点:一是联合的各企业、行业、部门在生产技术上是紧密相关的,成比例的,构成统一的生产系统整体;二是联合的各企业、行业、部门在一般情况下,具有同一的厂址,受同一管理机构的领导;三是在技术工艺方面是统一的,就是说有统一的动力供应,生产过程能够相继不间断地进行;四是有统一的辅助生产与服务性生产,为各个组成部分服务,联合生产的劳动社会化过程,反映了生产集中过程,这种联合具有强大的竞争力和生命力,它能产生集约效应。在一定情况下,这种联合化公司或大企业,包括产品、工艺、技术、原料、供应、销售、科研、教育等方面的有机联合。行业与部门管理的结构调整,是依次按专业化——协作化——专业协作公司——联合大企业或集团的路子进行的。目前我国经济管理水平低、经济效益低很重要的原因之一,就是产业、行业、企业结构调整进程缓慢,这已成为影响整体国民经济协调发展的突出问题。

行业与部门管理除了以上所论述的生产力布局、基地建设、结构调整外,还有技术进步和行业科学管理的内容,我们将在其余章节来论述。

三、调度管理

中观管理在搞好市场管理的同时,还要依据国民经济发展的目标和市场的需求,对所辖区域或行业的生产进行及时调控,其中一个很重要的方法就是调度管理。调度管理对于一定区域国民经济稳定协调发展具有重要的方法论意义,它属于中观管理中行政管理范畴。

所谓调度管理,是指在一定时限和一定区域内,对生产单位的经营活动与经济关系所进行的物质、能量、信息的系统综合调控过程。调度管理根据中观经济发展目标和宏观经济发展对中观经济的客观要求,针对国民经济运行中所出现的热点问题及"瓶颈"问题,提出方案,当场决策。并指出在下一运行过程中,可能出现的倾向性问题。调度管理强调面对面的行政指令性和协调性的行政调控。调度管理指向对象一般为经济、计划主管部门,各级政府的经济综合部门,主要生产单位,尤其是能源、交通、物资、金融、财政等管理部门和大中型企业。调度管理的主要内容是国民经济发展过程中影响其持续稳定协调发展的一些问题,例如能源供应问题,运力不足问题,资源短缺问题,技术攻关问题,物资平衡问题,资金借贷问题,基建与技改进度问题,突变事件问题等。调度管理一般时限较短,问题明确,区域性强,调控对象一定。调度管理注重经济发展的目标计划性原则,还注重市场需求变化的灵活性,同时还注重生产过程的相关性,它应当是日常管理的汇总。调度管理对于及时总结经验,调整方向,发现问题,注意倾向,把"瓶颈"问题解决在国民经济运行过程中,不至于造成严重的后果等,具有重要的实践意义。

调度管理要有充足的客观依据。依据客观现实进行调度和调控,才能实现国民经济的协调稳定的发展。把握客观依据,一是国家宏观战略规划和年度计划,以及国家大政方针和政策;二是依据国内外市场需求的变化;三是宏观、中观与微观经济预测量化发展趋势;四是新技术革命和新产业的兴起带来的影响;五是所辖地区内在以往运行中反映出的问题;六是解决问题的物质、能量与信息技术基础的可能性;七是以提高经济效益为根本出发点,以生产持续稳定协调的发展为主体,把流通、金融、财政、商贸等有机结合为系统整体进行调控;八是思维方式、领导方式、管理方式、生产方式水平的现状与改革的方向;九是调控管理者自身的素质水平等,这些就构成了中观调控的客观依据。把握住这些依据,对调控问题进行系统辩证的综合分析,给予科学的决策,并把其坚持到底就有可能收到整体优化的效果。

调度与调控管理是通过一定的手段来实现的,调度的内容各异,管理运用的手段也有区别。在国民经济围绕目标进行运转时,由于种种干扰总是要出现某些结构失稳、比例失衡、速度失控等问题。调整这些问题,就要善于把行政手段、经济手段、组织手段、法律手段有机结合起来加以运用,以增强调度与调控的力度。

一是法律手段。法律是阶级社会的产物,是经济阶级意志的体现。法律在社会、经济、政治、文化等各个领域中发挥着重要的调控作用。社会主义的法律是以保护生产资料公有制,保护社会主义制度,保护人民群众的根本利益为目的,是广大人民群众意志的体现,反映了广大人民群众的愿望和要求。调控与调度管理首要是依据国家有关法规对国民经济进行具体调控管理。调控与调度的法律手段一方面是指由国家制定或颁布并以其强制力保证实施的各种经济法律、法规、法令、管理制度和规则的总和;另一方面是指各级政府经济主管部门代表国家利益,以经济法规为依据,对国民经济进行调控与调度。法律手段运用的目的就在于维护国家和人民的经济利益,建立正常的生产经营秩序,提高经济效益,保证国民经济持续、稳定、协调的发展,推进经济建设事业的发展。在经济运行调控过程中,有效地运用法律手段,逐步使中观经济、微观经济自觉做到有法可依、有法必依、执法必严、违法必究,这样才能利用法律手段来保证国民经济的正常运转。法律手段是国民经济调控管理中一种最基础的管理调控手段,它贯穿于经济管理的一切过程和一切方面。在目前我国经济法规还不健全,法律观念还不强的情况下,逐步在调度管理中强化法律手段的调控力度,具有不可忽视的作用。

二是行政手段。行政手段是进行调控管理和调度管理中最主要的手段之一,它对任何经济活动都具有广泛的意义。行政手段涉及政治体制、组织体制、管理体制和行政管理的基本职能等内容。在国民经济中观管理中,行政管理就要围绕实现国民经济持续、稳定、协调发展的目标,不断以优质丰厚的物质提供给社会,造福于人类。行政手段是指国家行政机关和企业主管部门为实现宏观经济发展目标,依照法律在行使执行与指挥职能中对国民经济运行过程的有效调控活动。行政管理应当坚持实事求是、民主管理、科学决策、法律与现代化管理原则。行政管理最大的特点,是依靠各级行政机关或经济管理机构的权威,以及所辖区部门的服从,通过运用行政命令、指示、规定和下达指令性计划任务,并按照一定行政管理系统来管理经济活动调整经济关系的方法。行政手段在管理权限内具有强制性。建立科学化、民主化、制度化的经济决策体系,是推进整体管理中行政管理手段的客观需要。对于国民经济调度管理中出现的重大问题,以及重要政策措施出台的决策,应广泛征求有关专家、学者、企业等方面的意见,认真进行可行性研究和科学论证,对不同方案进行择优选用。对国民经济发展中的计划指标问题、基本建设和技改项目中出现的问题,应按规定权限和合理程序去解决。行政手段要建立以国家产业政策为主要依据来进行整体配套宏观——中观——微观调控。这里应强调组织好地区间、行业部门间的调度管理,这对于完善宏观调控体系更具有直接意义。中观管理的行政手段应在保持全国经济整体性基础上,拥有更实在、更灵活的人权、财权、经济调控权限等,以便更好地运用价格、税率、利率、汇率等手段,对所辖范围内的生产、分配、交换、消费等经济活动、经济关系、经济规模进行调节。建立健全经济法规是推进整体管理——结构管理——中观管理——行政管理的客观依据。经济法规体系是促进国民经济整体调控规范化、制度化和科学化的根本。它使各方面的经济关系和经营活动有法可依、有法必依、执法必严、违法必究。这里应强调经济法规的整体性、配套性和科学性,以便加强经济法律的监督和经济司法工作。建立健全科学的行政工作目标责任制,是行政管理工作科学化的基础工作。对国民经济系统的行政管理是否能科学地运转,不仅取决于经济管理体制,而且取决于行政管理机构的职责权限是否明确、具体、规范,这是运用行政手段进行调度与调控的前提条件。人作为主体,总是生活在一定的经济环境中来开展各种活动的。要规范这种活动,并使这种活动具有一定的行为准则,就要建立健全科学的工作目标责任制,并运用行政手段使其落到实处。工作目标责任制要求不同层次的行政机构,包括行政管理内部每个管理人员,都要有明确的权限范围、工作内容、行为规范、运转程序、定岗、定员、定职责,建立严格的系统管理秩序。即整体目标制定——目标系统分解——目标调控运行——目标检查考核——总结奖惩——新的整体目标循环。整体管理即结构管理过程,都是紧紧围绕目标的实施而展开的,它使整体管理逐步形成了定性与定量相结合,职权、职位与职责相结合,考核与奖惩相结合的工作目标责任制管理系统。

三是经济管理手段。运用经济管理手段来管理国民经济系统的正常运转,是经济体制改革的一项重要内容。经济管理手段,是指运用价格、工资、税率、利润、利息、奖金、罚款、借贷、汇率等经济杠杆和价值工具,达到调节和影响社会经济活动,促进国民经济持续稳定协调的发展。经济管理手段的作用,就在于按照国民经济发展战略,不断调整结构、理顺关系、规范行为,使经济活动协调发展。国民经济是一个多种要素相互联系、相互作用的社会巨系统。随着科技进步,经济活动日益复杂化,社会需求日益多样化,专业化分工也越来越细,产品结构的更替也日益频繁,各种经济活动与经济关系又处在不断地调整运动变化中,在这种情况下,把一切经济活动都通过行政手段或法律手段进行管理是不可能的。只有充分发挥经济手段的作用,才能更加有效地起到调节经济、发展经济的作用。运用经济手段管理经济活动,不论对强化主管部门,还是制约经营活动的规范化、制度化,都具有十分重要的意义。

在中观经济管理的调控与调度管理过程中,除以上法律手段、行政手段、经济手段外,还有思想政治工作手段。例如尊重和发挥人的主观能动性;积极引导管理人员树立正确的世界观;进行马列主义、毛泽东思想基本理论教育;进行社会主义民主与法制教育;进行社会主义道德品质和职业道德教育;进行共产主义理想和主人翁精神的教育等。这些思想政治工作是一种以规范人的思想和行为,做好人的工作为内容的重要手段。还有组织手段、技术手段的广泛运用等。总之,国民经济管理过程中的各种手段,都有其一定的作用范围,不应该强调一种而忽视另外几种,只有充分发挥各种有效的管理手段,才能发挥经济管理的功能和作用,以增强对宏观、中观与微观经济管理的调控和调度力度,使国民经济按既定目标进行运转。

第三节　微观管理——生产力要素流动管理

生产力要素流动是经济结构的基础,是社会生产的细胞,它有无活力是极其重要的。

生产力是人征服自然、调节自然和改善自然过程中的一种能力。生产力要素是指人类进行物质资料生产所必需的因素和条件。在社会主义条件下,生产力要素更能发挥巨大的整体效益。但由于我们不善于管理,不去研究其内在的规律性,使许多生产力要素投入后,不能发挥经济效益,使其占死、沉淀。生产力要素的流动管理,属于整体管理论中结构管理中的微观管理。当然,生产力要素流动管理也可以放在宏观与中观管理中去研究。在整体管理论中,生产力要素更具有基础的微观管理的特性,它在整体管理中占有基础的地位和基本要素的作用。因此,我们把它放在微观管理来研究。

一、生产力是一个系统整体

马克思在《资本论》中关于生产发展过程的三个阶段,即简单协作、工场手工业、机器大工业;以及资本主义生产过程生产要素的三循环过程,即资本循环,生产循环,商品循环等论述,已讲清了这个问题。生产力是个有机系统,是指生产力诸要素劳动者——劳动手段——劳动对象——科学技术——生产管理——经济信息——现代教育等方面,在物质、能量、信息的交流下,通过管理而形成的有机整体。

马克思说,生产要素"在彼此分离的情况下只在可能性上是生产因素。凡要进行生产,它们就必须结合起来"。① 生产力要素要进行生产就要相互结合,要结合就要有管理,要管理就要使生优化组合,优化组合产生新的生产力,产生整体效益。这种整体效益是由于因整体管理使生产力诸要素形成优化结构的结果。这种生产优化结构包括劳动者、劳动对象、劳动手段有机结合产生新的实体功能的结构,包括由科技、教育、知识有机结合产生新的渗透性功能的结构,由分工协作、组织管理有机结合产生影响运转功能结构,这些要素、结构、功能有机结合的综合就形成了生产要素系统整体。

二、生产力结构是分层次的

生产力分成企业生产力、部门与区域生产力、国民经济总体生产力、整

① 《马克思恩格斯选集》第2卷,人民出版社2012年版,第309页。

体生产力。企业生产力创造微观经济效益,部门与区域生产力创造中观经济效益,国民生产力创造宏观经济效益,而由企业生产力、部门与区域生产力、国民生产力三者有机结合形成整体生产力,而整体生产力创造整体经济效益。生产力及其要素是经济管理的基础。对生产力管理离不开商品、货币、资金、利润、利息、地租、税收等经济管理范畴,这些范畴的运动发展是生产力发展的结果。我们说生产力是财富的源泉,生产力比财富更具有价值,只有对生产力要素的整体管理,财富才能像源泉一样不断地涌流出来。

生产力结构层次的划分,从横向结构来看,一般是以地域为特点,有的与行政区域一致,有的与跨区协作网一致。从宏观生产力结构看,它包罗整个社会,即全国一盘棋,合理布局,均衡发展。它属于全社会的生产力结构。中观生产力结构包括区域系统和部门系统。区域生产力系统是由资源条件、人员素质、技术装备、各有差异而形成的。部门生产力系统是由国家级经济各中心,它属于纵向生产力结构管理。如部、委、办、局都有各自的公司、企业与协作点,形成垂直管理系统。部门生产力的特点是,生产高度集中、专业化,投资项目具有高度选择性、地域分散与不平衡性。部门生产力结构管理具有生产力布局的重要性。在部门生产管理系统中,各个行业管理又自成系统,如交通系统又包括铁路系统、公路系统、水运系统、民航系统。还有部门和区域交叉生产力系统管理。它包括生产力布局管理,横块与纵条相结合的管理,属于一种纵横交错,条块结合的整体管理结构。例如,很多地方国营企业,既受中央管理,又受地方领导;同理,中直企业既受中央管理,又受地区管理。地方企业离不开中央行业部门的指导管理;中直企业也脱不开地区的制约管理。由以上看出,生产力结构是分层次的,层次间又是相互联系的,要素彼此联系形成结构。

三、生产力要素的流动管理

生产力要素系统是按相关的质量、数量、序量组成一定的合理规模,并在时间上关联,空间上配置,结构上耦合而形成的整体。这个要素的整体是

流动的、是开放的、是有机的。例如 100 个人开 1 部机器,与 1 个人开 100
个机器都不是合理的有机组合,应当是 50 人开 50 部机器,时间、空间、规模
相当,对于那些没有参与生产过程的人员和机器,依据价值规律,是不能在
企业沉淀停留的,它们应当很快放置市场进行交流,这个过程就是生产力要
素的流动。

生产力要素是流动的。在起初条件下的生产力要素分配组合,是以要
素增量分配为特征的;起初要素分配经过一定时空过程的运转,会挤出一部
分生产力要素,使其处于生产过程之外。这些闲置的生产要素应很快在市
场上流动,进行重新组合,这种要素重新组合是通过部门企业间的要素转移
来实现重新组合,形成新的生产力,这种流动分配不同于起初增量分配。生
产力要素流动在资本主义国家是一个极普遍的事,而在社会主义国家,都在
抢项目、争投资、要设备,结果在单位部门闲置沉淀没有用,没有效益。生产
力要素一定要流动,使那些闲置无用的生产力要素通过经济的、行政的、法
律的手段,驱使生产闲置要素走出来,在不同的空间设置、不同的所有制、不
同的经济范围之间变动、移交、重组,使现有生产要素充分发挥作用,以求整
体经济效益。

目前,我国已有相当数量的闲置存量要素,或低效率存量要素,以及不
合理要素的存量,这些要素存量为生产要素流动重组提供了前提条件。这
是我们对现有生产力要素如何管理研究的一个重点。

基本思路是:以优质名牌特产等拳头产品为龙头,以大中型骨干企业为
依托,对生产要素进行合理流动,实行优化组合。在组合的基础上,围绕技
改项目,进行适量投入配置,进行起动,形成新的生产能力。这叫作"要素
流动,存量重组,投入起动"。现存的要素没有得到充分利用,现有存量没
有进行优化组合,原则上不投入。投入是指有效率的投入,是围绕调整、联
合、改造、引进、上档次、上水平的投入。我们不能干那种边投入、边沉淀、边
浪费的傻事。国有资产管理机构应代表国家行使好对生产要素的管理。并
在管好、用好、出效益的基础上,代表国家行使对国有资产的核算、流动、监
督、增殖工作。在对生产力要素管理中,也可进行分权管理,国家、部门、区

域、集团、企业进行分层次的管理。同时逐步完善和培植生产力要素市场体系,如生产资料市场、劳务市场、技术市场、资金市场、产权交易市场等,生产力要素市场是社会主义商品经济市场的重要组成部分。

在实行生产力要素流动管理中,要抓好本地区、本部门同行业举足轻重,经营管理强,有产品销路,有发展能力,有技改项目的大中型骨干企业,抓好试点工作。围绕这些大中型骨干企业搞调查,拿设计,搞论证,只要可行,符合社会化专业化生产方向,又有整体经济效益的,也可采用行政划拨,进行兼并、合并、承包或搞股份。实行生产力要素流动管理,是一项相当复杂的工作,在工作过程中,要坚持有利于国民经济发展,有利于生产专业化、社会化和规模化,有利于克服短期行为,有利于提高整体经济效益的原则,并尽可能坚持等价交换,公平竞争,流向合理,依法办事的原则;还要坚持国家产业政策,劣势企业向优势企业流动,长线产品向短线产品流动,保农业、能源、交通、原材料工业的重点发展原则。

生产力布局是生产力要素系统结构序量管理的重要内容。生产力要素的空间配置是系统管理的基础,对于整体效益的发挥有很大影响。系统的空间配置效益、结构关联效益和运行耦合效益是整个生产力要素系统整体管理效益的三个重要方面。

第四节　所有制管理

所有制管理是指超越一般意义上的宏观经济管理而又与宏观、中观、微观经济发展有一种根本联系的那部分管理内容。例如,经济体制改革它自身超越了宏观经济管理,但又与宏观经济管理有着更直接的联系。在这里我们把经济体制改革和所有制分权管理视为一种特别管理来进行研究。

深化经济体制改革,是社会主义制度的自我完善和自我发展。社会主义制度从诞生到成熟,必须要依据生产力的发展不断地对生产关系和上层建筑进行调整和改革,尤其是在社会主义初级阶段,这种不断改革就显得更为重要。进行经济体制改革就是要消除在过去一定历史条件下形成的经济体制中管得过多,统得过死,权力过于集中的弊端,建立起社会主义市场经济的新体制,建立起计划经济与市场调节相结合的经济运行机制。计划经济从宏观整体上要保持国民经济按比例发展、资金管理配置和分配的有效率的提高。市场调节从微观上可以发挥优胜劣汰作用,增强经济活力。实行计划经济和市场调节相结合,就是在整体优化原则基础上,使两者的优点和长处都能充分发挥出来,以促进国民经济持续稳定协调的发展。计划经济包含着指令性和指导性计划,经济体制改革要求调整经济结构和完善市场机制,适当缩小指令性计划和扩大指导性计划,使市场机制在更大的范围内发挥作用,以增加经济活力。计划管理应自觉遵循按比例发展规律和价值规律,依据市场需求与供给相对平衡的原则,对国民经济进行总控制,调整经济结构和生产力布局,协调全局性的重大经济活动。市场调节要在国家计划经济制约下,使企业生产经营活动在其作用下进行。市场调节要求加强市场体系和市场组织的建设,逐步建立国家指令和管理下的全国统一市场模式。宏观计划管理主要是对国民经济发展战略、规划、计划目标进行科学决策和宏观调控,通过制定正确经济政策体系来发挥其综合平衡和协调重大比例关系的作用,并运用各种经济杠杆和经济、法律和行政干预手段引导和调控经济的运行。这种宏观经济调控应划定中央、省区市、城市县以至到企业的利益权限,以调动各方面的积极性、主动性和创造性。

所有制的性质决定着一个国家制度的性质。所以对所有制的管理我们把它放到整体管理的战略管理。对所有制结合实际进行系统结构的管理,对于提高整体管理水平,增强国家实力具有极为重要的意义。

一、所有制系统管理

所有制管理问题在我国改革开放前一度只讲"一大二公"的单一管理模式,不讲所有制与生产力发展水平之间关系及其自身有什么规律以及在管理中如何运用这些规律等,至今在人们的头脑里还残留着对公有制极朴素的看法。我们讲公有制符合生产力性质,公有制就能充分发挥优越性,但对公有制不进行科学管理,它的优越性就会变成劣化性。私有制阻碍生产力的发展,有它的反动性,但由于进行科学管理,它的腐朽性能得到一定的控制,生产力能得到某种程度的发展。整体管理论认为,要想使公有制发挥它的优越性,就要依据客观现实生产力水平对公有制进行结构管理,以适应生产力性质的发展。所谓公有制,具有三个层次的含义:一是全民的共同占有;二是在全民共同占有的基础上共同劳动;三是在前两个层次的基础上,在全社会内进行合理、有效的分配。

我国是社会主义初级阶段,生产力发展水平极不平衡,使生产力呈现出多层次结构。这就要求所有制也要以多种形式来适应生产力水平发展的不平衡性。例如,党的十一届三中全会以后实行的全民所有制、集体所有制、合作所有制、个体所有制、中外合资经营制、外商独资经营制等等形式,这种不同层次结构的所有制促进了生产力的发展。从整体经济管理结构来看,这种所有制的差异性是由中国社会主义初级阶段的自然条件、历史基础、生产力水平的差异性,决定了多种所有制形式并存的差异性。对于这种多种形式的所有制进行整体管理,使其在社会主义方向上协调发展。

在多种形式所有制中,应当坚持生产资料公有制为主体,适当发展其他经济成分,形成适合我国现阶段生产力性质的所有制管理体制。以生产资料公有制为基础的社会主义经济是生产力发展规律的客观要求,生产资料社会主义公有制是社会主义经济管理的决定性环节。只有从整体上管理好全民与集体所有制这个主体,社会主义制度才能创造出整体效益。这是由于全民所有制使劳动者、劳动对象、劳动手段在管理与技术进步基础上直接结合形成新的生产力系统,这对所有制进行整体管理提供了最基本的物质前提,也只有整体管理才能充分发挥社会主义的优越性。

二、全民所有制分权管理

在社会主义条件下所建立的劳动者联合起来的社会的所有制,把劳动者放在什么地位,联合起来的劳动者与企业是什么关系? 这是决定社会主义公有制性质的根本问题。在社会主义社会,假定只考虑作为客观条件的生产资料的作用,不重视人的因素,不去充分调动作为生产资料主人并运用生产资料进行劳动生产的劳动者的积极性,是不可能使社会主义制度的优越性得到充分发挥的。因此对社会主义公有制的理解,只能是劳动者联合起来的社会的所有制。这就要求从理论上阐明个人与集体的关系,阐明劳动者是社会主义国家的主人,是社会主义企业的主人。无论社会主义公有制以什么形式出现,劳动者终归是生产资料的共同所有者,而不是在劳动者之外,另有什么组织或单位是生产资料的所有者。

在社会主义初级阶段,由于受生产力发展水平的限制,我们所建立的劳动者联合起来的社会的所有制,不能与马克思当年所设想的相提并论。劳动者联合的规模和程度有所不同,这就决定了社会主义初级阶段的公有制结构。但就其根本性质而言,无论是全民所有制,还是集体所有制,均应是劳动者联合起来的社会的所有制。

对国营企业实行集权与分权相结合的管理原则,具体贯彻了毛泽东曾在"鞍钢宪法"中提出的"大权独揽、小权分散"的管理思想。其基本内容是:"全民所有,分权管理,企业使用。"

大权集中,效益第一。全民所有是指公有制的性质不改变,国家代表全体人民对生产资料实行整体管理,坚持战略指导、政策导向、合理布局、效益第一的原则,使国民经济持续、稳定、协调的发展。

对关系国计民生的大、中型国营企业,大权必须集中,国家通过宏观调控进行统一管理。宏观调控管理必须贯彻"有效性"原则,实行责、权、利相统一。由于指挥上的失误所造成的损失,由主管部门承担。在这一原则下,应改变企业只负盈、不负亏的"惯例",努力创造条件,逐步做到自负盈亏,充分发挥企业内部的积极性与创造性。

对于政策性亏损应由国家承担,不能视这类企业为"亏损企业",应一视同仁地享受国家给的一切优惠待遇,并把减少亏损额视为企业的"盈利"归为企业使用。

对于经营性亏损,应由企业自负。相应减少职工的工资、奖金与津贴等,把企业经营的好坏与职工的切身利益挂钩,改变"穷庙富和尚"的不正常现象。"大权集中"体现在分配管理上,企业必须认真贯彻"各尽所能,按劳分配"原则,实行"多劳多得,少劳少得",打破平均主义分配,并在经营管理上贯彻执行效益第一的原则。

统一管理是把有关国计民生的国营大、中型企业按地区、按行业集团化,这是公有制主体的主干企业,必须坚持由国家进行统一管理。分权管理则应把那些非关系国计民生的中型国营企业以及小型国营企业,在社会主义商品经济存在的条件下,使其有更强的独立自主性,更多的灵活性,与灵敏的市场相适应性。对这些国营企业来说,它们的"上级"就是法律,管理它们的"婆婆"就是市场。它比较多地接受市场的调节作用。

因此,整体管理中的分权管理,对国营企业的管理并非是"一刀切"管理,而应当是区分不同情况区别对待。把非关系国计民生的全民所有制企业生产的支配权以法定的形式分配到各专业部门、各经济区域进行管理。它主要是依据自然资源、技术状况、管理水平、职能权限等条件,对所有制要素进行合理配置,优化组合,分成区域间、部门间、集团间、优势互补的合理经济结构,以求部门与区域间的最大的经济效益。使用权应属企业集体,以法定方式对企业进行租赁、承包等,使企业经营者具有明确的责、权、利权限,使经济、技术、管理有机结合起来,使微观经济效益呈指数曲线发展。这种管理方式有利于把国家管理、部门与区域管理、企业管理有机结合起来,形成整体管理,这样才能调动各级管理部门的积极性。使所有权——支配权——经营权相分离,这就把生产资料公有制经营好坏同地区、企业局部利益和职工个人利益紧密结合起来,使不同形式的经济责任管理制更能联系实际,提高科学管理水平。

分权管理,是整体管理的重要组成部分。在中央统一领导下,企业作为名副其实的商品生产者和经营者,应打破部门所有和地区所有的传统观念,企业应该具有独立的经营决策权、人事调动权和收益的分配权。否则就难以打破企业的铁饭碗、铁工资、铁交椅等陈规陋习,企业负亏和提高经济效益就无从谈起。这一主导思想贯彻了江泽民同志的指示精神:"我们总的改革方向还是要政企分开,精兵简政,政府部门主要管方针、政策,进行宏观调控。"①在分权管理上,应学习、借鉴北京市一些企业"告别八级工资制、迎来成效紧挂钩"的经验。

据《经济参考报》1991 年 4 月 24 日的报道:北京把企业内部工资分配权交给企业,由企业根据自己的生产和经营特点决定采取什么样的工资制度,不仅同一企业中同一级别的工人工资收入不再一样,就是同一个人每个月的工资也不一样。

企业有了内部工资分配自主权以后,根据收入与劳动成果和贡献大小紧密挂钩的原则,一些企业完全打破了八级工资制,实行了新的工资制度;一些企业尽管仍在八级工资制的框架内运行,但也进行了重大改革。

这种因地制宜、灵活多样的分配形式,既克服了平均主义倾向,调动了职工的生产积极性,在市场不景气的情况下,经济效益有较大幅度的增长。从而改变了"穷庙富和尚"的不正常现象,比较好地兼顾了国家、集体、个人三者的利益,整体管理带来了整体效益。

实行分权管理制有利于进一步发挥中央、地方、企业和劳动者个人四方面的主动性、积极性、创造性;有利于克服国民经济管理权限过于集中的弊端,提倡按经济规律办事;有利于党政企业管理分工,实行分级分工分人负责,中央管宏观调控,地方与部门管结构优化调整,企业管经营管理,上下一致,认真实行目标考核、奖惩、升降等制度,以求整体经济效益。

对全民所有制进行分权管理改革,有利于深化计划调控管理形式、经营管理形式、分配管理形式等方面的改革,对于调动各方面的积极性,搞活经济,促进生产,将会产生积极的作用。分权管理各负其责,对于社会主义制度的巩固与发展,对于国民经济的技术改造,对国家建设资金积累和人民生活水平的提高,对于国民经济持续、稳定、协调发展,都具有重大的作用。

---

① 江泽民:《高度重视和大力发展科学技术》,载《新时期科学技术工作重要文献选编》,中央文献出版社 1995 年版,第 360 页。

三、集体所有制分层管理

集体所有制是部分劳动群众共同占有生产资料的一种公有制形式。集体所有制的特点是社会化程度比较低，经济实体内部劳动者所有生产资料，占有权、支配权、使用权属于该集体经济单位全体劳动群众所有。

党的十三大报告指出："我国十亿多人口，八亿在农村，基本上还是用手工工具搞饭吃；一部分现代化工业，同大量落后于现代水平几十年甚至上百年的工业，同时存在；一部分经济比较发达的地区，同广大不发达地区和贫困地区，同时存在；少量具有世界先进水平的科学技术，同普遍的科技水平不高，文盲半文盲还占人口近四分之一的状况，同时存在。生产力落后，决定了在生产关系方面，发展社会主义公有制所必需的生产社会化程度还很低，商品经济和国内市场很不发达，自然经济和半自然经济占相当比重，社会主义经济制度还不成熟不完善。"[1]在这种基本国情下，工业生产的集体所有制经济应该有较大的发展。由于种种原因，在过去的长时期内，集体经济发展缓慢。如1986年城乡集体所有制单位职工3324万人，全年工业总产值2300.8亿元。集体所有制工业仅占全国工业总产值的27.7%。一个生产力落后的11亿人口的大国，集体所有制企业的职工仅占全民所有制企业职工的三分之一多一点，在工业企业总产值中占的比重也偏低。但它的优势发挥得比较好，效益比较高，在工业总产值中所占比重逐年增加。集体所有制工业产值，从1978年的814.4亿元上升到1985年的2300.8亿元，它在工业总产值中所占的比重分别为：1978年占19.2%，1980年占20.7%，1981年占21.0%；1982年占21.4%，1983年占22.0%，1984年占25.0%，直至1985年占27.7%。

为进一步发展城乡集体经济，对集体经济应实行分层管理，进一步推行生产责任制。例如农业的联产承包责任制，本来生产资料归集体所有，但使

---

[1]　《中国共产党第十三次全国代表大会文件汇编》，人民出版社1987年版，第9—10页。

用分为农户个体承包,取得了显著的经济效益。要考虑租期延长,比如50年。工业集体所有制要比国有企业分权管理好搞得多,这方面已有联营、租赁、承包、股份等形式,在下一步管理中进一步完善管理,提高科学水平,效益将更大。

我们已逐步形成了以国营经济为主体,以集体经济为辅,以个体经济为公有制的有益补充,以中外合资、外商独资为借鉴,借水行舟,引进技术、信息和管理,形成为我所用的所有制管理体系。

四、所有制中的股份制

鉴于我国企业数量是个巨数,大都属于传统型工业企业,急需要技术改造,资金与生产要素需求额度很大,这些都依靠国家投入困难不小,再加上治理整顿出现的新问题。这些企业的需求如何解决呢? 整体管理论认为,全民所有制、集体所有制、个体所有制、外资与合资所有制等形式,应通过股份制办法进行相互间的融合,即推行集团股份与集体、个人股份制办法。

股份所有制是指两个或两个以上企业事业单位之间,以投入的方式把分散的资金、厂房、设备、资源、技术、专利、商标等除劳动力外的生产要素折价入股,统一经营,共担风险,按股份分红的经济组织形式;它属于企业集体股份所有制。企业股份经营,由股东或股东代表组成董事会,选举董事长并招聘总经理,行使联合企业股份经营权。参股资产形式可多种多样,一是把股东单位固定资产折股参股,属于不公开发行股票合股经营方式;二是股东单位用自留积累资金投资入股,属于资金增量上的投股形式;三是股东单位以知识产权评估折股参股,属于无形资产入股;四是股东单位职工个人投资入股,属于企业事业单位内有限制地发行股票的股份形式。盈利分配可按资产、按劳动、按技术、按资金等股份进行分配。

所有制中的股份制在我国是一种新兴的所有制,在管理机构、法律手段、管理方式、市场机制等还不健全的前提下,应采取比较科学的程序:

（1）准确清产核资，科学论证评估；（2）核算股份，明确股权；（3）成立国有资产管理局，严格审核，依法批准；（4）有关主管与分管部门对股份协议、合同或章程进行审查签约；（5）政府授权单位批准，工商税务登记注册；（6）企业股份管理要有股东代表大会，成立董事会，选举董事长，制定章程，管理细则，董事会规范，聘任总经理等；（7）制定目标管理责任制，公布奖惩制度等。

实行股份所有制有利于所有权和经营权分离，有利于责、权、利有机统一，有利于企业真正实行要素优化组合、资源的合理配置，有利于促进不同所有制形式在经济利益一致的前提下，更紧密地在股份上有机结合，强化参股各方利益的社会作用，使企业真正变成经营实体。股份所有制使参股经营单位，通过股份分红方式把收益风险从原来单纯由国家或单个企业承担，改变为投资各方共同承担，减轻了国家的压力，增强社会的经济承受能力和内在动力。股份所有制更能充分有效利用和发挥现有生产要素存量，千方百计提高经济效益。

如果从行政系统管理上看，有三个层次，即宏观、中观、微观管理，可见下图。结构管理被包含在行政整体三个层次的（宏、中、微）管理中，形成互相交错的图景，这就是从不同侧面研究管理的情况。

整体经济管理行政调控图表明：（1）整体经济管理应在行政调控上推行分权层次管理：中央调控管理层即主控层。中观经济地方调控管理层即地方助控层。微观经济调控管理层即企业自控层。（2）从总体上看三个层次属于决策与执行的循环体系，主控层依据全社会的经济、技术、社会、文化与政治的实际情况进行宏观调控决策，地方主控层与企业自控层都要根据中央决策，转变为自身的执行意见与具体的决策，对所属单位进行行政调控。（3）各企业事业实体在与周围环境进行物质、能量、信息的交换过程中，将整体经济效益的客观水平反馈到上级，上层再修订决策，去执行，循环无穷，使行政调控呈现出整体经济管理的结构层次性。

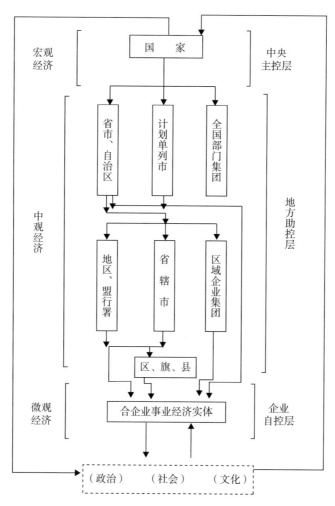

图 2-6 整体经济管理行政调控图

第三章　整体管理的基本规律

整体管理是社会主义的本质要求,也是社会主义社会基本规律的集中反应。它包括协调发展规律、整体效益规律等几个基本规律。这几个基本规律是社会主义经济发展过程中,不断被人们所认识,被实践所证实了的经济规律,也是整体管理论所特有的几个规律。本章就整体管理论的几个基本规律分别作一简述。

第一节　基本经济规律

社会主义经济的本质要求整体管理,整体管理的目的和手段,就是社会主义的基本经济规律,即整体管理的基本规律。

一、整体管理目的的本质内涵

马克思主义经典作家早就指出:在共产主义社会里,已经积累起来的劳动是扩大生产、丰富和提高工人的生活的一种手段。恩格斯又指出:在生产资料社会主义公有制基础上,通过社会生产,不仅可能保证一切社会成员有富足的和一天比一天充裕的物质生活,而且还可能保证他们的体力和智力获得充分的自由的发展和运用。列宁还指出:社会主义生产的目的是不仅满足社会成员的需要,而且充分保证社会成员的福利和自由全面的发展。斯大林明确指出:社会主义生产的目的,是保证最大限度地满足整个社会经常增长的物质和文化的需要。我们党也曾多次明确指出社会主义生产的目的,党的十二届三中全会通过的《关于经济体制改革的决定》强调指出:"社会主义的根本任务就是发展社会生产力,就是要使社会财富越来越多地涌现出来,不断地满足人民日益增长的物质和文化需要","社会主义社会在生产资料公有制的基础上实行计划经济,可以避免资本主义社会生产的无政府状态和周期性危机,使生产符合不断满足人民日益增长的物质文化需要的目的,这是社会主义经济优越于资本主义经济的根本标志之一"。社会主义生产的目的,其实质也是整体管理的目的,这是完全符合马克思主义基本原理的。

整体管理论对生产的目的,即整体管理的目的作以下表述:

人类社会本身是一个极其庞大的复杂社会系统。国民经济系统在社会复杂系统中占据着基础的地位,具有决定性的作用。国民经济系统具有自身运动的层次性、结构性和整体性,这些特性表征着国民经济协调发展的历史过程。从整体上看,国民经济之所以具有协调发展的性质,是由整体管理的目的所决定的。不同的社会形态有不同的整体管理目的,这种不同的整体管理目的,驱使不同的社会形态向前运转,形成社会协调发展的动力机制。

在社会主义制度下,人民成了国家经济、政治、文化的主体,整体管理活动的目的,就是追求经济、技术与社会的协调发展,以取得社会环境整体效益。

社会主义作为一个历史发展形态,其根本任务就是发展生产力,提高经济效益,提高全社会的整体效益。整体效益是指以经济效益为基础的经济的、政治的、社会的、文化的、环境的总体效益。整体效益是一个系统整体,它包括经济范畴的有关要素。整体效益在社会主义经济范畴中,具有本质的、内在的必然联系,具有基本经济规律的品格,我们称为整体管理的基本规律。整体管理的基本规律是社会主义经济现象间的共同的、普遍的、经常起作用的规律。在经济活动中,效益是通过提供经济效果而得到的实际成果和利益,它是用总成果减去全部劳动耗费后的绝对数值来表示的经济活动效率。整体效益是劳动主体依据自身利益需要即物质、文化、环境诸因素效益情况进行的价值评价。它反映着社会主义人与人之间的物质利益关系，标志着劳动主体的社会地位与作用。整体管理就是追求整体效益，整体管理的目的与追求整体效益在形式与内容上具有统一性。

社会主义整体管理的目的即整体管理的基本规律的内容是：通过改革开放，在不断提高现代管理水平的基础上，推进科学技术进步，使资源合理配置，即生产力要素优化组合，使社会分配达到有效率的公平，促进社会主义经济、政治、文化、社会等持续、稳定、协调发展，逐步满足全体劳动人民日益增长的物质、精神、环境和信息的需要。这种表述有三个层次的内容：一是实现社会主义整体管理目的的基本原则，即不断提高现代化管理水平和不断推进科学技术进步，只有把科技与管理作为社会生产力的左右两个轮子即两条基本原则，整体管理的目的、整体效益才能更好地实现。二是达到整体管理目的的基本手段，是"通过改革开放，使资源合理配置，使生产力要素优化组合，使社会分配达到有效率的公平，促进社会主义经济、政治、文化、社会等持续、稳定、协调发展"，这个基本手段也是整体效益的主体框架，是手段也是目的，是间接的目的，没有这个手段即间接目的，最终目的也不可能实现。三是社会主义整体管理目的本身，即逐步满足全体劳动人民日益增长的物质、精神、环境和信息的需要，这是整体管理所取得的整体效益的最终目的。这里的全体劳动人民是指社会主义的主体。这个主体不仅仅有物质、精神、环境和信息的需要，而且随着社会进步，还需要对社会生存环境的美化，这是整体管理中最终的不可缺少的一个重要内容。整体管理的目的是不懈地追求整体效益，它具有规律的导向性，所以我们称为整体管理的基本规律，并把它看作是社会主义的基本规律。整体管理的基本经济规律既有达到目的的原则和手段，又有社会主义自身的需求目的。整体管理的基本规律是原则——手段——目的的有机统一。

整体管理的基本规律的内涵有其严格的科学的规定性，即逐步满足全体劳动人民日益增长的物质、精神、环境和信息的需要。这种需要即目的在这里是一个系统，包括劳动者个人的物质、精神、环境和信息的需要，也包括劳动者个人所生活的社会需要。劳动者个人需要,具体包括生活资料、享受资料、发展和表现一切体力和智力所需的条件。它代表劳动者的个人利益或目前利益。社会公共需要,具体包括科学教育、文化艺术、卫生保健、集体福利、社会保险、生态环境等方面的需要,它代表劳动者的共同利益和长远利益。整体管理的目的所包括的满足社会公共需要和满足劳动者个人需要,从根本上说是一致的。但是,个人的不同需要与社会的共同需要又有差异,无论空间上、时效上、内容上和形式上都有所不同。如何使这种差异在一定条件上协同起来,这就是整体管理的具体内容。也就是说,整体管理必须把个人需要与社会公共需要,把需要的内容与形式有机地结合起来,才能符合整体的最大利益。

整体管理的目的所指的逐步满足劳动者日益增长的需要是一个循序渐进的动态量质关系,是相对于现有的生产发展水平来确定的,而不能超越生产力水平所允许的限度。社会主义总产品的分配还包括有利于满足扩大再生产——国防建设——国家行政管理等方面的需要。逐步满足劳动者日益增长的需要,在满足的时间上是个系统过程,不可能一下子都满足;在满足的对象上,是劳动者整体,即全社会的所有劳动者;在满足的内容上,有物质的、精神的,还要有环境的,包括生态环境、工作环境、生活环境、社会环境等。在满足的界限上,既有劳动者个人目前的,还要有扩大再生产、国防建设、国家行政管理方面的公共社会长远的需要满足。因此,我们就满足时间——满足对象——满足内容——满足界限——满足手段——满足区别,构成了整体管理基本规律的范畴链。正确处理系统范畴链诸要素之间的数量关系,则构成了整体管理的重要内容。在这些量的关系中,有一组重要的量比关系,就是扩大再生产需要的量,与劳动者个人需要的量。我们认为,满足再生产的需要,是发展社会主义生产力的必要条件。不实行积累,不逐步满足扩大再生产的需要,社会主义现代化生产就难以实现,逐步满足劳动者日益增长的物质、文化、环境的需要则成为一句空话,也就没有可靠的物质基础。但是,逐步满足扩大再生产的需要,只是实现整体管理目的的手段,而不构成直接目的本身。而逐步满足扩大再生产、国防建设、行政管理的需要,又是满足直接目的的前提条件,可称为间接目的。在一定时期内,间接目的与直接目的有本质的统一性,两者不能偏废。例如,国防建设和行政管理,对于维护国防安全,维护社会正常秩序,保持正常的生产秩序、生活秩序、工作秩序,对于满足劳动者基本需要的环境,具有重要的意义。没有间接目的的需要,也就没有直接的物质、精神、环境的目的需要。所以,整体管理的直接目的与间接目的的具有相关性、统一性和整体性。

二、整体管理基本规律

斯大林揭示的社会主义生产目的和实现这一目的的手段之间内在的本质联系,体现了社会主义生产的实质。但是,斯大林这一论述无论在目的性上、在满足的内容上、在手段与目的区别方面都缺乏系统整体性。

用系统辩证思维来阐述整体管理基本规律,其内容是:通过改革开放,在不断提高现代管理水平的基础上,推进科学技术进步,使资源合理配置,即生产力要素优化组合,使社会分配达到有效率的公平,促进社会主义经济、政治、文化、社会等方面持续、稳定、协调发展,逐步满足全体劳动者日益不断增长的物质、精神、环境和信息的需要。这一表述,就使社会主义生产的目的和实现这一目的的手段、原则和途径之间内在的系统联系表达了出来,体现了社会主义管理的实质。

发展生产,增加社会产品总量,是靠增加社会劳动者和投资,还是靠提高社会劳动生产率? 在整体管理论中,认为是后者更为重要,而后者的实现,则要靠不断提高现代化管理水平和不断推进科学技术进步这一途径。劳动生产率是指劳动者生产产品的社会平均劳动效益,它通常用单位时间内生产产品的社会平均劳动来表示。劳动生产率的提高,就意味着用等量的劳动生产出更多的产品,或是生产等量的产品消耗更少的劳动量。它表明活劳动和物化劳动的节省。如何提高劳动生产率,关键在于依靠科学技术进步和现代化管理。邓小平同志说:"科学技术是生产力,这是马克思主义历来的观点。""同样数量的劳动力,在同样的劳动时间里,可以生产出比过去多几十倍几百倍的产品。社会生产力有这样巨大的发展,劳动生产率有这样大幅度的提高,靠的是什么? 最主要的是靠科学的力量、技术的力量。"①先进的技术要有具备现代化科学技术知识和劳动技能的劳动者去掌握。因此,提高劳动者的素质是十分重要的。如下图:

我们认为,有了先进的科学技术,有了高素质的劳动者,而没有现代化的科学管理,也就没有劳动生产率的提高,实现整体管理就失去了前提条件。没有这一前提条件,则不可能实现社会主义生产的目的。

提高劳动生产率,通过改革开放,依靠科学技术和现代化管理,使资源合理配置,使生产力要素优化组合,使社会分配达到有效率的公平,使社会主义生产关系适应生产力的发展,建立起中国特色的、充满生机和活力的社会主义经济体制,促进社会主义生产力的迅速发展,从而实现社会主义经济、政治、文化、社会等方面持续、稳定、协调的发展,更好地实现整体管理的目的。整体管理基本规律决定着社会生产的一切方面和主要过程。这是因为,在社会主义的生产各个方面和全部过程中,虽说不同经济领域都有各自的规律在起作用,但这些规律都要在整体管理基本规律制约下,发挥各自的作用。在生产——交换——分配——消费等不同环节和过程中,自觉运用整体管理基本规律和产业结构优化规律、按劳分配规律、价值规律等等,并使它们一起发挥作用,整体管理的整体效益就能够得到巩固,与之相适应的上层建筑也要发生深刻变革,这就为社会主义由低级向高级发展准备了物质的、社会的和思想的条件。整体管理基本规律决定了社会主义的发展方向,它是社会主义的基本经济规律。

整体管理基本规律的客观性。整体效益是人类活动不懈的价值追求,

---

① 《邓小平文选》第二卷,人民出版社 1994 年版,第 87 页。

这是不依人们的主观意志为转移的客观经济规律,但在不同社会形态有不同的表现形式。一是整体效益是人类社会得以生存和发展的前提。马克思这样写道:"小孩子同样知道,要想得到和各种不同的需要量相适应的产品量,就要付出各种不同的和一定量的社会总劳动量。"①这里所说的"要付出"与"要想得到"是指人们为了达到某种目的,在所从事的经济活动中,"得到"要大于"付出"。只有先"付出",才有可能"得到",并且要力争"得到"大于"付出",人类社会才能生存与发展。否则,"得到"等于或小于"付出",人类社会就不会从低级向高级发展。这就是马克思所说的:"剩余劳动一般作为超过一定的需要量的劳动,应当始终存在。"②恩格斯也说过:"劳动产品超出维持劳动的费用而形成的剩余,以及社会的生产基金和后备基金靠这种剩余而形成和积累,过去和现在都是一切社会的、政治的和智力的发展的基础。"③整体效益是一切社会所共同追求的,是社会发展的客观要求。整体效益是经济活动一切过程和一切方面都在发生驱动社会前进的动力作用。当经济活动的经济成果和收益抵偿了劳动的付出并取得了剩余,其他的如政治的、文化的、教育的、社会的等各方面的活动才能展开,社会才能进步。这是人类社会追求的广义上的整体效益。二是整体管理基本规律在不同经济条件下发挥的作用与形式不同。在原始社会,由于生产力水平低下,"付出"的劳动几乎与"得到"相等,即使是"得到"大于"付出",其绝对值也微乎其微,整体管理基本规律不起主导作用。在奴隶与封建社会,自然经济占据统治地位,是一种封闭孤立的经济系统,其生产目的是满足自身的直接消费,商品经济不占主要地位,占主导地位的是经济的恒量与自我循环,并不重视整体效益。在资本主义社会,商品经济得到充分的展现,并采用价值与货币形式,这就为整体管理基本规律发挥作用创造了条件,整体效益本应发挥重要作用。但是在资本主义所有制下,占统治地位的经济规律是剩余价值规律,整体管理基本经济规律只能居于服从的地位,这

---

① 《马克思恩格斯选集》第4卷,人民出版社2012年版,第473页。
② 《马克思恩格斯文集》第7卷,人民出版社2012年版,第927页。
③ 《马克思恩格斯选集》第3卷,人民出版社2012年版,第574页。

是由资本与劳动相对峙所决定的。资本家想得到高效益,而劳动力则不甘心付出,"得到"与"付出"不是同一的。竞争和无政府状态使整个资本主义社会整体效益的取得只能是以整个社会范围内对劳动与资源的巨大浪费即整体效益的浪费为代价的。整体管理基本规律是社会主义的基本经济规律。这是因为在社会主义生产资料公有制条件下,劳动人民是社会的主体,生产资料与劳动者有机统一,而且社会主义的生产目的是满足社会主体的物质、文化和环境的需要,这就为整体效益发挥作用奠定了基础。整体管理基本规律只有在社会主义时期才有可能成为基本经济规律。

整体管理基本规律的特征。一方面整体管理在空间上呈现出系统层次性,即宏观经济管理、中观经济管理和微观经济管理。整个国民经济在整体管理基本经济规律作用下进行运转。另一方面,整体管理在时间上呈现出系统过程性,即在不同时期的经济管理与不同空间的经济管理有差异、有协同。在基本经济规律作用下,差异协同运动发展是实现国民经济管理系统的整体优化,这是社会主义国民经济发展的内在动因。只要按基本经济规律办事,经济活动就能取得较大的经济效益。经济效益的提高,又会促进生产的发展,促进政治的稳定、文化的繁荣、社会的进步,进而使社会主义整体管理的目的更好地实现。

整体管理目的与手段的系统辩证关系。整体管理的目的与整体管理的手段的关系,其实质是生产与消费的关系。马克思说:"没有生产,就没有消费,但是,没有消费,也就没有生产,因为如果没有消费,生产就没有目的。"[1]满足消费是目的,生产则是手段,对生产与消费过程的中间联系环节,管理也是手段。马克思说:"一定的生产决定一定的消费、分配、交换和这些不同要素相互间的一定关系。当然,生产就单方面形式来说也决定于其他要素。"[2]马克思的论述说明了这样几点意思:一是生产——分配——交换——消费作为要素共同构成社会生产的系统整体。在生产系统中,要

---

[1] 《马克思恩格斯选集》第 2 卷,人民出版社 2012 年版,第 691 页。
[2] 《马克思恩格斯选集》第 2 卷,人民出版社 2012 年版,第 699 页。

把科技、管理、劳动者、劳动对象、劳动工具等都要纳入系统整体的范围,进行整体管理,以取得整体效益。二是在整体管理的目的中,只见生产与消费,而无视其他要素,就成了生产直接变成消费,消费又直接成了生产,那是原始的简单再生产,不是现代化的生产方式。在整体管理目的中,生产、分配、交换、消费与全过程中的科技、管理、劳动者、劳动对象、劳动工具等要素,都是互为前提、互为因果、互相促进,并且表现为互为目的、互为手段、互为媒介、互为依存,它们的联系是系统辩证的统一。三是管理手段是管理目的的前提,这是正确的。但是,在手段与目的之间、在生产与消费之间还要通过许多环节和层次,消费的目的才能实现。在这里生产不仅为消费提供对象,也为分配与交换提供对象,并且还规定消费、分配、交换的方式。同时,生产还诱发人们提出新的要求。消费是生产的最终目的,消费为生产也为分配与交换提供市场。生产的产品只有通过分配与交换等层次才能到消费,使生产最后得以实现。在这一系列层次与过程中,整体管理始终是联接各个层次、环节与过程的有力纽带,没有管理,消费与生产也不能得到最终的实现。

综上所述,整体管理基本规律是社会主义的基本经济规律,整体管理的目的与手段之间有若干环节与层次,它们之间是相互联系、互为条件的辩证的统一,基本经济规律的诸要素在差异协同中运动发展,推动社会由低级向高级发展。

三、整体管理与社会主义生产目的

社会主义基本经济规律实际上就是整体管理的基本规律,这是由于整体管理是社会主义生产过程的本质联系所决定的,它充分体现了公有制基础上的生产目的性。也就是说,只有社会主义才有可能实现整体管理,整体管理真正体现了社会主义基本经济规律。整体管理的目的,不是保证最大限度的利润,而是保证最大限度地满足社会的物质和文化的需要;不是带有从高涨到危机以及从危机到高涨的间歇状态的生产发展,而是生产的不断增长;不是伴随着社会生产力的破坏而来的技术发展中周期性的间歇状态,而是生产在高度技术基础上不断完善。这也就是说,整体管理要使社会主义经济、政治、文化、社会等方面实现持续、稳定、协调的发展,以更好地满足全体劳动者日益增长的物质、精神、环境和信息的需要。从本质上讲这也是社会主义的生产目的。因此,整体管理意味着应用一切科学的经济规律,加强对经济活动的管理。

第一,整体管理要求不断完善社会主义经济体制。经济体制是指社会经济某一要素或某一个层次环节的结构变化,而导致社会经济系统的其他要素或层次环节的结构变化的作用。整体管理从基本经济规律的角度上,要求不断完善社会主义经济体制。首先,社会主义基本经济规律要同国民经济协调发展规律、整体效益规律、产业优化规律、按劳分配规律等有机协调起来,对社会总劳动时间进行整体调节。其次,整体管理强调以人为本的全方位管理与调节,它要求全体劳动者在认识基本经济规律与其他经济规律相互作用条件下,国家通过计划、价格、税率、信贷、货币指标体系,与行政的、经济的、法律的、思想的手段有机结合起来,不断完善计划体制与市场体制,使社会主义经济建立在自觉的经济活动基础上。再次,要引导人们对整体管理规律的充分认识,在实际活动中自觉运用,并推行整体管理。社会主义生产目的要求对国民经济实行整体管理,对这个命题认识越深刻越广泛,整体管理的自觉性也就越高,整体管理基本规律的作用发挥得也就越充分。

第二,整体管理要紧紧把握社会需求。整体管理的核心,就是一切实际经济活动必须满足社会需求。整体管理一方面鼓励社会需求,依据社会生产状况,逐步提高人民生活水平,以实现社会主义的生产目的;另一方面,又调节那种超过生产发展的消费需求,防止消费基金的膨胀,确保人民合理的消费需求有相应的物质保证。只有紧紧把握了社会需要,才能真正推行整体管理和实现生产目的。在我国社会主义经济建设过程中,有过两种倾向,一种是相当长的时期内,不注重社会需求,忽视消费对生产的反作用,限制人们的消费,以高积累搞建设。结果,违背了整体管理的规律,造成农、轻、重比例失调,重工业过重,轻工业过轻,严重影响了整体效益,并使我们的经济缺乏生机和活力。另一种倾向,就是近几年出现的超前消费,造成了农业发展支撑不了工业的发展,能源的发展支撑不了国民经济的发展,原材料的发展支撑不了加工工业的发展,这同样影响了整体效益。这两种倾向,都是由于我们没有把握住社会需求,没有真正认识整体管理基本规律而造成的。整体管理注重调查研究,注重预测社会需求,把握需求与供给的量度,并以此为依据,制定计划、确定目标、组织生产、供给市场,从而来实现整体管理的目的。

第三,整体管理强调对生产的经营管理。整体管理的目的与实现目的的手段是密切相关的。由于整体管理从本质上体现着社会主义生产的目的,实现整体管理的手段只能是通过采用新技术,改造技术装备,提高劳动者整体素质,搞好分工协作,推进优化组合,改革管理制度,实行分配的有效率的公平,推行现代化管理,合理配置资源等一系列整体管理手段,来加强对生产的经营管理。我国生产技术落后,但管理更落后。所以,提高管理水平,推行具有中国特色的整体管理,对于发展生产,更好地满足社会需求,实现整体管理目的,有着十分重要的现实意义。加强对生产管理,一是加强对宏观、中观、微观、超级的整体系统管理与调整。依据一定时期生产力条件和社会需求现状,有计划地分配社会劳动,避免出现生产的疲软,或社会财富的浪费,尽可能生产出社会所需要的产品,使社会总生产与总供给基本保持平衡。提高企业活力,就要进一步改善企业的经营机制,加强经营管理,推行以经营承包为主要内容的目标管理责任制,把生产经营成果与企业利益挂起钩来,以增强企业本身的活力。二是整体管理强调劳动主体素质的提高。全社会各行各业都应树立全心全意为人民服务和整体协调的整体管理思想,树立整体效益观念,建立一套使劳动者充分发光发热,获得荣誉感的措施、制度、方法和作风,健全科学的尊重职工、依靠职工、培训职工,充分发挥各级人员积极性、创造性、整体性的运行机制,建立群体意识和行为准则,推行效益工资,实行有效率的公平分配,把具体分配与劳动实绩结合起来,加大工资、奖金的刚性作用,充分体现工资与奖金的激励作用,让全社会劳动主体明显感受到切身利益与企业生产息息相关,增强劳动主体对企业的归属感、关心感、责任感、荣誉感,把自我的工作、自我的行为、自我的需求与企业牢牢联结在一起,形成一个整体,从而激发劳动主体工作的主动性和创造性。推行企业的民主决策,民主决策是整体管理非常重要的组成部分,对于企业重大问题,职工有权参加讨论,有权参与决策,这样有利于提高企业决策质量,有利于增强职工主人翁意识,有利于增强企业的凝聚力,以更好地为社会需求进行生产。

第二节　协调放大发展规律

协调放大规律是整体管理很重要的一个组成部分。研究国民经济协调放大规律对于实现我国经济持续、稳定、协调的发展具有重要的实践意义。

一、协调放大发展规律的基本内涵

协调放大规律包括两部分,即协调发展原理和优化放大原理。整体管理追求整体效益,整体效益要使国民经济持续、稳定、协调的发展,只有协调发展,国民经济才能稳步提高,才能产生协调放大效应,这是从我国 40 年经济建设中总结出来的一条带有规律性的经验与教训。

协调发展原理。新中国成立以来,我国经济建设取得了巨大成就,尤其是改革开放以来经济规模空前增长、国力增强。"三步曲"战略正处在一个关键时期,人口普查结果告诉我们,到 20 世纪末我国人口将突破 12 亿,农业基础脆弱,产业结构还没有理顺,物价上涨趋势没有从根本上得到控制,还债高峰也已到来,这些问题为确保国民经济实现持续、稳定、协调的发展增加了难度。国民经济大的比例关系失调和结构失衡,使经济建设出现较大的波动,有这样几个原因:一是稳于求成。长期以来,我国的经济、技术、社会发展战略的指导思想是高速度、高积累、高投入的外延扩大再生产模式,忽略整体效益第一与协调发展的原则。例如,1958 年提出"速度就是一切、一切为了速度"，"要用15年时间在主要工业产品上要赶超英国"，"人有多大胆，地有多大产"等，后来又继续提出要建设10个大庆，盲目引进，超前消费等等，这些都是急于求成思想的具体表现。二是小农经济庞大，产业结构不合理。我国是脱胎于半封建半殖民地的农业国，在11.3亿人口中，有8.7亿的农业人口，自然经济、半自然经济及其思想方法使第一产业很落后，它必然影响现代化经济建设。三是思维方式单一。现代化的经济建设属于一个整体系统，生产——分配（交换）——消费是有机的不可分割的整体系统，而我们总是搞单项突破。例如："开门红"、"双过半"、"大干一百天"等单一的生产口号，只管生产，不考虑销售，结果是产品积压，资金沉淀，原材料占死，生产停滞，只有产值而无效益。据有关资料反映，1990年上半年全国产品积压达1600亿元。四是管理落后。我国的经济管理仍处于经验管理水平上，现代化科学管理已经提出，但远远没有推行开。管理是人们最普遍的联系，大至国家，小至家庭，而在我们的经济工作中，始终没有把现代化科学管理放在重要的地位来看待。有的专家推算，在获得的经济效益中，有六成是由现代化科学管理获得，有三成是由科技进步获得，有一成是投资获得，这是很有道理的。五是改革不配套。改革卓有成效，但缺乏系统性、整体性、有机性、配套联动性。如经济体制改革与政治体制改革、党政分开与政企分开、所有权与经营权、计划经济与市场经济、产业结构与产业政策等方面都是在单项推进，孤军深入。表现在经济上是难以协调发展。当然还有历史问题的积累，还有国际环境的制约，但其中最为主要的就是管理意识、管理方式、管理手段、管理水平落后，缺乏整体管理与整体效益的意识、方法与手段，因而整体效益不能以均衡的速度向前发展，国民经济出现大起大落的不协调发展现象，这是问题的根本所在。

整体管理要求国民经济持续、稳定、协调的发展，以取得整体效益。国民经济的持续发展，是指国民经济发展的规模、速度及各种比例关系在国力允许的条件下，使经济发展有一个较长时期的时效以求得经济、政治、文化、社会等方面的进步，来满足劳动人民的物质、精神、环境和信息的需要。国民经济的稳定发展，是指国民经济在技术进步和现代化科学管理基础上，使经济周波的频率与幅度在允许活动极限内运行,防止出现大起大落,以求得经济、技术与社会的稳定发展。国民经济的协调发展,是指国民经济在比例上适当,在布局上合理,在结构上协调的经济运行关系,保持各产业部门之间适当的增长速度和合理的比例关系,改进各经济结构之间的纵横联系,以求得经济结构的整体优化。在这里,持续讲时间、

稳定讲结构、协调讲关系,是整体管理中整体效益所强调的经济效益表现的不同方面。持续、稳定、协调发展构成整体效益的基本要素,是不可分割的有机整体。

持续、稳定、协调的发展方针,为我国克服经济发展过热所造成的经济损失,寻找出了一条基本发展原则。坚持这一经济基本发展的原则,就要从中国的实际出发,把现代化科学管理搞上去,把技术进步搞上去,理顺各个重大比例关系,调整各个产业结构,加强战略管理、结构管理和协调发展管理以求得整体的效益。

优化放大原理。优化放大原理是指国民经济在结构上优化,在比例量上适宜,在关系序上合理,并在整体管理基础上进行适度运转,就能产生整体优化的整体效益,使经济发展沿着乘数——加速原理的正效应方向发展,这就是优化放大的原理。协调的本质就是管理。只有对整体经济实行整体管理,才能产生整体效益,这就是优化放大的内在含义。

协调管理的范畴主要有:从宏观经济管理角度来分析,国民收入的消费——储蓄——投资,流通领域的购销——信贷——利率,生产领域的投入——资源——产出,交换领域的商品——市场——价格,消费领域的劳动——工资——就业等方面的协调,它的管理手段主要是用财政政策、倾斜政策、消费政策、产业结构政策、人口政策、就业政策来协调,使国民经济持续、稳定、协调的发展。从中观经济管理的角度来分析,市场结构、资源结构、产业结构、就业结构、人口结构等方面的协调,它的管理手段是政策与具体组织实施相结合进行协调。从微观经济管理的角度来分析,对消费者行为,对劳动者行为,对生产力诸要素进行协调。对生产力诸要素的协调,对诸要素组合方式的协调,如能实现整体科学的管理,就能产生协调放大效

应。整体管理不仅要看生产力诸要素的素质,要看诸要素的数量,更重要的是看生产力诸要素的连接方式即结合方式,结合的方式越合理,越紧密,其整体管理越强,整体效益也就越高。生产力诸要素的结构、规模和时空及布局,反映对生产力管理水平科学与否。生产力要素不同的结合方式,就形成不同的生产力结构,并显示出不同的功能。要想使生产力诸要素结构合理,产生协调放大效应,就要进行整体管理,产生整体效益。因此,对生产力诸要素的科学管理是协调放大效应的关键所在。

整体管理是协调放大效应的客观条件。整体管理是为现代化大生产服务的,现代化大生产只有在整体管理的基础上,协调放大效应显现得才会更强,整体效益就会更大。整体管理出整体协调放大效应、出速度、出效益。生产过程内部诸要素本身需要组织管理与协调,才能成为生产力有机的生产过程,生产力的要素才真正成为要素,而不是概念的要素。没有组织管理与协调,再先进的技术装备,再高素质的劳动者,再先进的劳动对象,什么产品也不会生产出来,它们只能是无序物与人的堆积与加和。只有管理与协调,而且是科学的管理与协调,各要素才能变成有机的生产系统,并以尽可能小的投入得到尽可能大的产出。而生产过程外部环境如资金的周转、原材料的输入、产成品的输出,如果没有科学的管理与协调,就不会有很大的产出,也不会有好的经济效益。

综上所述,整体管理是协调放大效应得以实现的前提条件,协调放大效应是整体管理的本质内涵,两者之间具有同一性。整体管理与协调放大效应的最终结果是产生总体效益。

协调放大发展规律是整体管理中很重要的一条经济规律。研究国民经济协调放大发展规律对于实现我国经济持续、稳定、协调的发展具有重要的实践意义。

二、协调放大发展规律的普遍性

协调放大发展规律是整体管理论的特有规律,是社会主义经济发展的本质特征。这一规律在社会主义经济发展的全过程中,具有普遍性和适用性。

马克思主义经典作家对协调放大发展规律早已有过科学的论述。马克思说过,"要想得到与各种不同的需要量相适应的产品量,就要付出各种不同的和一定量社会总劳动量。这种按一定比例分配社会劳动的必要性,绝不可能被社会生产的一定形式所取消,而可能改变的只是它的表现形式,这是不言而喻的。自然规律是根本不能取消的。在不同的历史条件下能够发生变化的,只是这些规律借以实现的形式。"①按一定比例分配社会劳动是一种自然规律,只不过分配表现形式不同。这就指出了国民经济协调放大发展是以按比例分配社会劳为前提的,在社会主义以前的任何社会这一点都不可能做到,只有社会主义取得生产资料公有以后,这种按比例分配社会劳动才能成为现实。我们认为分配的表现形式是整体管理基础上的分配,而不是那种单一的突破式的分配。马克思主义经典作家在论述关于社会主义社会再生产按产品用途将社会生产分为两大部类,即第一部类生产生产资料,第二部类生产消费资料,两大部类互为条件,使价值形态与物质形态都能得以实现,这是协调放大发展规律的具体体现模式。他们还说:节省时间以及在各个生产部门中有计划地分配劳动时间,是以集体生产为基础的首要的经济规律。但是要驾驭这一规律,利用它的作用、方向及影响,条件是无产阶级夺取社会权力,并夺取资产阶级的生产资料变为整个社会的财产……从此,按照预先计划来进行的社会生产,才成为可能的事。在社会主义制度下,这种必要性和可能性的结合,就成为国民经济协调放大发展的客观必要性,就成为经济规律。过去我们认为,实现了社会主义就能有计划按比例地发展国民经济。40多年经济建设的经验教训教育了我们,社会主义制度本身并不能够直接实现国民经济有计划按比例发展,它只是为此提供了前提条件。社会主义制度要实现有计划按比例的发展,就要通过预测、计算、计划分配、监督控制等环节来实现,而这些则成为有计划按比例发展的

① 《马克思恩格斯选集》第4卷,人民出版社2012年版,第473页。

直接条件。因此,我们把社会主义制度——预测、计算、计划分配、监督调控——有计划按比例发展等,称之为整体管理的必然过程,即协调放大规律。协调放大规律是指围绕全社会以及社会每一劳动者的需要为目的,采用计划调节与市场调节相结合的方式,对社会总劳动时间的分配,以及使时空序上达到整体优化,以取得整体效益的规律。国民经济整体协调发展,就能防止大上大下、大起大落,就能取得整体的发展。依据系统辩证论的基本原理,整体优化总是大于其组成部分的加和。只有在整体管理的基础上,使国民经济整体持续、稳定、协调的发展,才能产生放大效应,才能产生整体效益。在协调放大规律中,有这样几个量比关系,即速度——规模——比例等,它反映着社会主义经济整体管理协调放大的必然内在联系,这是由于整体管理的对象是社会主义经济,它是建立在公有制基础上的有计划的商品经济,是能够在整体管理上自觉实行有计划按比例发展的经济。如果不能正确认识协调放大规律中的速度——规模——比例的关系,削弱了国民经济协调发展,就不会有整体经济效益,放大效应也就显示不出来。因此,协调放大发展规律在理论上讲是社会主义经济发展的客观规律。这里要讲清楚一点,协调放大发展规律与有计划按比例发展规律有其本质的同一性,但是,两者又有不同。在前提条件上,两个规律的需要是同一的,都是以一般公有制为基础。在实现条件上,协调放大发展规律要求对国民经济诸要素实行整体管理,才能取得整体效益,协调放大发展规律才能起作用,否则就要受到规律的惩罚;有计划按比例发展规律主要强调对国民经济的某些定量管理,而忽略了对国民经济的定性整体结构管理,就是偏重于量,脱离本质,质则难以实现。因此,我们把协调放大发展规律作为整体管理论的一条基本规律来对待,但可以认为,有计划按比例发展规律是协调放大发展规律的粗浅的表述方法。

从实践上来验证协调放大发展规律,也可以看出这一规律的普遍性。我国总结40年来经济建设的经验与教训,提出了国民经济长期发展的战略方针,即持续、稳定、协调发展。这是我国发展生产力唯一正确的道路。这一方针的实质就是协调放大发展规律。过去的经验教训,总是讲投入、讲产值、讲速度而忽略讲整体管理,讲整体效益。讲速度——规模,结果使国民经济多次出现大起大落。国民经济发展速度问题是受国民经济整体系统其他要素制约的。首先,资金积累的制约。我国经济不发达,积累率不能过高,积累资金也要在各个部门之间进行合理分配,只用于或过多地用于某一个重工业或轻工业都会产生结构失衡效应,从而影响整体效益。其次,部门之间的制约。例如,工业的发展要以农业为基础,只给工业投入,只讲工业的速度,而无农业的投入,农业就没有速度,农业就不能支撑工业的发展,农业对工业有制约;同时,农业也对工业速度有制约。再次,部门本身的制约。诸如采掘工业、能源工业、原材料工业与加工工业不相匹配,结构不合理,就会造成人力、物力、财力的浪费。最后,对外贸易的制约。工业或某一部门的发展速度,还要受进出口能力的制约。因此,我们讲,速度与国民经济的其他要素有直接的关系,相互制约,相互联系,是一个整体结构。不讲国民经济的整体结构,只讲发展速度,就会使国民经济产生严重后果。例如,经济过热,总需求膨胀,积累与消费相互挤压,比例失调,或国民收入超分配;部门经济比例失调,农业支撑不了工业,能源支撑不了国民经济,原材料支撑不了加工工业,交通运输支撑不了整个经济等;忽略现代化管理和技术进步,经济效益下降。这些后果累积到一定程度,就会导致比例失调,结构失衡,经济就会出现大上大下的局面。这种经济不稳定,就会影响政治与社会的稳定,在这一方面,我们是有很多经验教训的。协调放大发展规律要求国民经济结构整体优化,企业经营管理实行现代化,科技进步推进科学化,经济效益获得整体化;协调放大发展规律还要求国民经济发展速度是整体的加快,是速度——规模——比例相互适应,收入——积累——消费相互成比例;协调放大发展规律还要求整体效益的提高,要求宏观经济、中观经济、微观经济协调发展。从整体上看国民经济的发展似乎很慢,但实际上比大起大落、大上大下要快得多,因为协调放大发展规律要求的是整体的速度、整体的效益和整体的持续、稳定、协调的发展。协调放大发展规律要成为人们自觉遵守的纪律,就要克服急于求成和急功近利的思想。邓小平指出:改革会遇到阻碍,所以我们要谨慎不能太急,太急了要出毛病。协调放大发展规律在我国经济建设中,既是过去经验教训的总结,也是社会主义经济建设这一历史时期所要遵循的经济规律,这是实践所证明了的真理。

三、协调放大发展规律强调的几个问题

协调放大发展规律除了以上所提到的有关国民经济量的关系外,还有以下几个宏观管理协调。

第一,科技、经济、社会三位一体的协调发展。科学技术既是历史的进步表现,也是现实生活中的重要生产力,它在过去和现在都起着积极作用。科学技术作为一种社会历史现象,是人类社会发展总过程的一个要素、一个领域。然而在人类社会发展的总过程中,科学技术一方面随着人类社会产生、发展而发展,另一方面又以积极的促进作用日益渗透到社会生活的各个领域,控制或改造社会生活的过程,推进社会的进步。它不仅是作为一个要素、一个领域存在与发展,而且由于它的先导作用、改革与创新作用、开源与节流作用,起着创造物质财富和精神财富的作用,并对整个社会生产过程的生产力与生产关系,以及在这个基础上建立起来的人与人之间的政治关系与文化形态、思想观念的形成与选择,都起着越来越大的推动作用和深刻影响。科学技术是潜在的知识形态的生产力,与传统的生产力要素——劳动者、劳动工具、劳动对象比较,它的特征是:一是渗透和增值性。科学技术发展是通过与经济、生产的结合,渗透到社会其他形态的生产力要素中,使劳动者素质显著提高,放大人类的劳动力,使劳动生产资料不断更新——增加或提高他们的数量、质态、功能、效益。科学技术附属于物质生产转化为直接生产力,就是社会生产力进一步放大的过程,是物质财富呈几何级数增值的过程。二是先导和依托性。科学技术的先导性表现在它对科技革命、产业革命、社会革命的先导和前提,往往随着科技发现、发明及创新而来的,是由产品到市场、由企业到产业、由局部到整个社会的重组与变革。但是,这种先导性与其对经济社会的依托性是辩证统一的关系。经济的发展与社会的需要始终是以科技发展为基础的,不依托这个基础,科学事业的发展必然

步履艰难,无从发展。三是功能的社会性。科学技术又是一种文化形态、思想观念,其科学观念、科学精神、科学态度、科学方法、科学管理均反映了自然规律、经济规律、社会规律的客观要求,它更具有普遍的、改造人类主客观世界的强大功能,是建设现代精神文明的强大武器。综上所述,科技、经济、社会是相辅相成,相互依存,只有依靠科技进步,二为一体协调发展,才能摆脱我国工农业生产及整个经济发展长期以来形成的以外延为主的数量型、粗放型、速度型、资源型经济的桎梏,使经济建设尽快转到以扩大内涵生产的轨道上来,实现国民经济协调放大地发展。

第二,三大产业的协调发展。随着生产的社会比和专业化的发展,社会分工越来越细,于是出现了三大产业的划分。第一产业是基础;第二产业是主导,第三产业则为第一、第二产业提供条件和支持保证。三大产业相互支持,相互依赖,相互促进,共同构成国民经济总体。一是工农业劳动生产率的提高和第一、第二产业的发展给第三产业的发展提供了前提和基础。一个国家的国民经济随着第一产业、第二产业的现代化发展,相应要有一个发达的第三产业来为社会化的生产和社会化的消费服务。第三产业的发展受物质生产领域的制约,它不能脱离第一、二产业的发展所提供的物质技术基础而盲目发展,并且发展速度要与第一、第二产业的发展速度相适应。20世纪50年代以来,科技使得劳动生产率大幅度提高,物质生产急剧膨胀,包括交通运输业、商业等部门在内的第三产业也迅速发展。同时,由于社会劳动生产率的提高,物质生产部门生产出的产品超越了本部门产生和满足人们的需要,使第一、第二产业部门出现了大量的剩余劳动力,节省了大量的流动资金,从而为第三产业提供了充分的人力、物力和财力。另外,随着工业化的发展,原来就业于第一产业的部分人员要转向第二产业,随着第二产业自动化的不断发展,第二产业也会出现过剩劳动力,使第一、第二产业的过剩的劳动力必将进入失业大军之中。第三产业的发展,不仅吸收了新加入就业队伍的劳动力,而且吸收了大量的失业人员,起到了劳动力"蓄水池"的作用。可以说,没有第三产业的发展,就没有国民经济的平衡发展。二是在科学技术日新月异的今天,第一、第二产业的发展越来越依赖于科技成果的应用,所以科研机构和科技人员、教育人员不断增加,使科研部门、教育部门得以迅速发展。知识分子在整个国民经济环节中的比重迅速增加。如美国,现在以从事脑力劳动为主与以从事体力劳动为主的人数比例达5∶4。同时,随着对外贸易的发展,国际联系日趋紧密,国内流通范围不断扩大,流通量不断增加,生产要素联系更加紧密,金融、银行、保险、运输、邮电、通信和工商服务部门的业务也迅速扩大。另外,随着第一、第二产业的生产率的提高,职工收入的增加和劳动时间的缩短及闲暇时间的增加,使文化娱乐、体育运动、旅游业普遍化,第三产业的发展是第一、第二产业发展的必然要求。长期以来,我国由于传统的理论和传统的体制,不仅在实践上导致了按产品经济模式来组织社会生产和流通,而且造成了国民经济结构比例失调,产业结构不合理,第一、第二产业比重过大,而第三产业却不发达。据统计,1989年我国第三产业占国民生产总值的26.5%,这不仅大大低于发达国家的水平,而且低于发展中国家的水平。如,1987年美国为68%,英国为60%,日本为57%,印度为40%。第三产业发展水平低,势必制约第一、第二产业的发展。有关专家估算,近几年由于交通影响能源运输,一年就减少产值5000亿元。另外,我国第三产业中科技、教育不发达,表现在第一、第二产业的发展上是靠资金和活劳动的大量投入,造成工农业效益的下降。第三产业的不发达,已经严重制约了我国国民经济的发展。综上可知,没有三大产业的协调发展,就没有国民经济持续稳定协调发展,社会整体效益就难以提高。

第三,城乡工业的协调发展。我国的工业是由两个互相联系,互相促进的工业组成,一个是城市工业,另一个是农村工业。城市工业大规模改造始于1952年,乡镇企业始于1980年。从1952—1979年,我国工业化主要集中在城市进行,形成了传统的经济结构模式:城市——工业、农村——农业。工业集中在城市,即使农副产品的加工也多数集中在城市,农村只从事农业生产。党的十一届三中全会以后,乡镇企业迅速崛起,猛烈冲击我国传统的二元经济结构模式。现在,城乡企业正沿着我国社会主义工业化道路并驾齐驱,为实现国民经济工业化、现代化创造物质条件。新中国成立以来,我国工业建设取得了巨大成就,1988 年工业总产值为 13105 亿元,工业总产值占工农业总产值的比重,已从 1949 年的 30% 提高到 1988 年的 76.3%。固定资产原值从 1949 年的 124 亿元增加到 1988 年的 10641 亿元,增长 85 倍左右。1988 年主要工业产品产量同建国前最高产量相比,纺织为 10.5 倍,棉布为 6.7 倍,钢为 64 倍,原煤为 16 倍,原油为 428 倍,电为 91 倍,金属切削机床为 96 倍,水泥为 92 倍,同时还建立了汽车、飞机、电子、石油化工、航天、核工业等新的工业部门。这些举世瞩目的成就主要来源于城市工业。同城市工业相辉映的是农村工业,农村工业即乡镇企业是在 10 年改革中得到迅速发展的,据统计,乡镇企业 1988 年产值 6500 亿元,占农村社会总产值的 58%,从业人员 9500 万人,占农村劳动力的 24%。乡镇企业的发展,对改变整个农村产业结构和整个国民经济产业结构,缓解农村劳动力的就业困难,扩大社会供给量,增加国家和社会的收入,加快农村城市化的步伐等,起到了重要作用。但是,由于城乡工业之间缺乏有机的联系,城乡分割体制依然存在,使乡镇企业长期游离于国民经济工业化进程之外独自运行,城乡企业彼此处于封闭、半封闭循环之中,使它们之间难于进行更频繁的物质、能量和信息的传递与转换,乡镇企业经常受到来自城市企业的压力和挑战。首先,农村剩余劳动力转移同城市工业结构高级化争夺资金的矛盾。要实现工业化、现代化,就有一个农村剩余劳动力转移的问题。目前,我国庞大的农村剩余劳动力不可能大量转移到城市企业,绝大多数只能就地转移到非农产业特别是乡镇企业。据计算,乡镇企业每吸收 1 名农村剩余劳动力约需 3000 多元资金。农村剩余劳动力由目前的 1 亿人增加到 20 世纪末的 1.8 亿人需要转移到非农产业就业,约需资金 5400 亿元。随着城市向工业结构的现代化进步,必须大力发展资金密集型基础工业和资金密集型与技术密集型相结合的加工工业,这也需要巨额资金。然而现在城乡资金普遍短缺,国家财力又有限,这就出现了城乡工业争夺资金的矛盾,不解决好这个矛盾,城乡工业就很难协调发展,全社会整体效益必然不高。其次,城乡企业争夺原材料和销售市场的矛盾。我国原材料资源相对稀缺,随着经济建设大规模的展开,原材料供应显得十分紧张。近几年来,乡镇企业大量涌入本来已嫌过大的加工工业部门,使原材料短缺问题更为突出。由于原料的紧缺而引发的各种经济"大战"连年不绝,给城乡加工工业的发展投下了阴影,也导致了城乡工业发展的不协调。另一方面,在城乡改革的大潮冲击下,高度集中的计划管理体制已经松动,城乡的市场关系开始形成,企业的产品销售日益依赖市场,企业的经营活动日益以市场价格信号为导向,企业争夺产品销售市场的竞争日趋激烈,由于国家价格、税收、信贷政策在城乡之间以及在不同所有制、不同行业、不同地区之间的倾斜程度不同,进一步加剧了这种竞争。有的企业为了在竞争中处于有利地位,不惜钻体制的空隙,采用了一些不正当的手段倾销自己的产品,使市场处于一种扭曲无序的状态,这些都给城乡工业的协调发展带来不利的影响。因此,城乡工业协调发展是密切城乡关系,强化国民经济整体效益,保持国民经济持续、稳定、协调发展,处理好工农关系,消除工农差别,加强现代化进程的重要内容。

第四,生态环境与经济社会的协调发展。中国是一个人口众多的国家,又是以农业经济为基础的历史悠久的古国,这就要求中国必须高速度发展工业和农业,以适应不断增长的人口对物质的需求。工农业高速度齐头并进,带来了工业污染和生态环境的进一步恶化。进入 20 世纪 80 年代,资源——经济——环境之间的矛盾成了制约各国经济持续发展的焦点。我国在人口增长的压力下,矛盾焦点更为明显。据不完全统计,1988 年全国废水的排放量为 368 亿吨,其中:工业废水为 268 亿吨,大部分未经处理直接排入湖、河等水系。在对 532 条河流监测中,有 436 条受到不同程度的污染。从近几年水质污染变化趋势看,氨、氮、氰化物和有机污染物均呈上升趋势。饮水水质的污染范围不断扩大,水质污染已是我国许多城市相继出现水荒的一个重要原因。由于水资源的不合理使用和严重污染给经济社会发展造成了无法估计的损失。至于由于技术落后、管理不善而造成的对土地、森林、草地、矿藏的不合理使用,已超过了大自然许多生态系统的临界平衡极限,直至威胁着当代乃至子孙后代赖以生存的自然环境。剖析当代经济持续发展的因素,涉及工农业建设布局、自然资源利用、技术措施、政策和人口等人类活动,说明社会——经济——生态环境相互影响、相互制约。要使国民经济得以持续稳定发展,并达到整体效益,生态环境和经济社会的协调发展至关重要。

第三节　整体效益规律

社会主义作为一个历史发展形态,其根本任务就是发展社会生产力,提高经济效益,提高全社会的整体效益。整体效益是指以经济效益为基础的社会主义政治的、经济的、文化的、社会的和生态环境的总体效益。整体效益是一个系统整体,它包括经济、技术、文化、社会等范畴的有关要素,而这些要素协调有机的结合,形成动态的相比较而存在的整体优比态势,并获得社会的整体效益。在整体管理论中运用的整体效益概念,主要侧重于对整体经济效益方面进行研究。

改革 10 年的伟大实践,证明了把一切经济问题必须放到提高整体效益这个根本出发点上是非常正确的。整体效益问题在社会主义整个历史过程中,都有其重要的理论与实践的指导意义。整体效益在社会主义经济范畴中,具有本质的、内在的、必然联系,具有经济规律的品格。整体效益规律是社会主义经济共同的、普遍的、经常起作用的规律,在社会主义整体管理中同基本经济规律、协调放大发展规律一起发生作用。经济效益是指通过提供经济效果减去全部劳动耗费后的绝对数值来表示,是经济活动效益的得益大小与多寡。整体效益是指全社会成员,依据自己的利益需要,即物质、精神、环境诸因素得益情况进行的价值评价,它既有量的概念,又有质的规定性,还有序量的内容,同时它还反映着社会主义人与人之间的物质利益关系,存在着劳动主体的社会地位与作用。整体效益强调自然属性与社会属性的统一,物质文明与精神文明的统一,人类社会活动与周围环境的统一。

一、整体效益规律的基本含义

整体效益规律是指在社会主义公有制为主体的基础上,以经济、技术、社会、文化、政治等人类活动领域实行系统的整体管理,并且使整体社会系统协调有序地发展。这种人类社会整体协调有序地发展是人类社会的以生存和发展的前提,也是人类活动不懈的价值追求。它将使人类社会自觉与不自觉地按照整体效益的方向发展。尤其是对于国民经济的发展,整体效益规律显得更为重要。在这里效益是指一个系统整体,它包括物质指标的利益,这是基础,又是精神需要的定性效益,这是主导,还有环境,三者相互作用,系统地向前发展。

整体效益作为经济规律有其客观实在性。人们的活动如工业的发展与资源的开发,虽然取得一定的经济效益,但由于三废的污染,破坏了人类生存的生态环境,当人类认识到这个问题后,局部的经济效益要让位于整体的经济效益。它迫使人们在取得工业经济效益的同时,治理三废,以保护人类生态环境。又如,人们要称霸世界,就不顾一切地发展核武器,当人们认识到核武器不仅能消灭敌方,也能消灭自我,还会给整个人类带来威胁时,于是人们为了全人类的和平,千方百计地限制、销毁核武器。又如,当局部战争威胁到整个地区或全世界时,全世界就会起来制止这种战争的蔓延。人类活动不仅仅需要经济效益,更重要的还需要在经济利益基础上的政治的、精神的、社会的、生态环境的整体效益。整体效益是一切社会所共同追求的,是社会发展的客观要求,它以经济规律的作用贯穿在人类活动的一切过程和一切方面。整体效益规律之所以侧重于经济领域方面,是因为当人们的经济活动产生的经济成果和收益抵偿了劳动的付出,并取得剩余,即取得了整体经济效益后,其他的如政治的、文化的、教育的、科技的、社会的等方面的活动才能展开,社会才成进步,这是人类社会追求的广义上的整体效益。用最小的投入得到最大的产出是整体效益规律在经济生产方面的导向作用。

整体效益规律内容的基本特征。从经济、技术、社会等人类活动的系统整体出发，到经济、技术、社会、系统整体内在要素构成的相互作用，揭示出经济系统运动的趋势和方向。整体性是整体效益规律的本质属性。这里的整体性是指国民经济系统的各个组成要素的总和，是诸要素有机的相互联系与相互作用，以及各个经济过程中相互影响的系统整体。国民经济系统运动所追求的是整体经济效益，是一个动态变化的量，是相比较而存在，并驱使国民经济由低级向高级发展。恩格斯在《路德维希·费尔巴哈与德国古典哲学的终结》一书中，指出世界表现为一个有机联系的统一的整体，因而自然科学的本质就是"关于过程、关于这些事物的发生和发展以及关于联系——把这些自然过程结合为一个大的整体——的科学"①。这就深刻地揭示了客观世界从自然界到人类社会，从经济到文化都是各种要素构成的系统整体。把握整体效益规律要从以下几个方面来认识：

第一，整体效益规律具有整体性。整体效益作为经济规律来看待，在空间上具有整体性，即国民经济构成的有关要素组成系统整体，整体是整体效益规律基本的出发点。国民经济的系统整体性要求实行整体管理，即整体管理经济体制，它是整个经济运行的总框架，并制约着国民经济运行的总趋势和总方向。构成国民经济的各个要素的经济效益是构成整体效益的部分，没有要素的经济效益就没有整体的经济效益，整体效益是各个要素经济效益联系的过程，局部效益要在整体效益制约下相互联系、相互作用、相互影响和相互转化。局部经济效益要按照整体效益的目的来发挥各自的作用，它的行为是受整体效益规定的。整体效益是由物质、能量、信息构成的综合体。整体效益在结构上是由要素、层次、中介构成的。整体效益与局部效益都处于运动发展变化中，局部效益的变化总是以整体效益为前提的，整体效益的实现又是在局部效益变化联系中实现的。围绕整体效益，我们一定要着眼于整体管理的体制、整体管理的功能、整体管理的结构和整体管理的效益与效应。

① 《马克思恩格斯选集》第4卷，人民出版社2012年版，第251页。

第二,整体效益规律具有综合性。把整体效益规律要求公有制实行分层次的分权管理,即国家所有制——社会所有制——集体所有制——企业所有制等不同形式,这些不同形式共同构成综合的公有制形式。这规律还要求国民经济在运行机制上采取计划系统和市场系统双轨运行,但要求在整体管理产生整体效益这个目的的制约下运转。也就是计划调节与市场调节要在整体管理与整体效益的基础上综合起来,差异协同地向前运行。国民经济是一个系统整体,在其运行过程中,相比较存在着整体效益的质态,而且这个整体效益在数量上的综合与在质态上的优化是可以认识的。由于整体效益是一系列数量与质态综合的结果,它的最终实现要受各种条件的制约。例如,它要受经济体制、所有制模式、生产力水平、科学管理等多种因素的制约。在一定具体制约条件下,总可以通过整体管理,使国民经济在结构上、功能上与效益上以最优状态出现,接近或适合某种特定的客观标准,来达到整体效益。整体效益是综合起来相比较而存在的系统概念,是国民经济及相关因素相辅相成的关系。

第三,整体效益规律具有目的性。整体管理论的整体效益规律要求国民经济体制具有一定的经济的结构和趋向。整体管理对国民经济体制运行要求要有整体目标,这个整体目标就是经济体制所要达到的整体效益目标。整体效益目标与局部效益目标相比,各局部效益目标只能在整体效益目标作用与制约之下,并为实现整体效益目标服务。整体管理就是要保证整体效益目标得以实现,既要从局部效益上增加活力,还要保证整体效益与局部效益在时效上能持续稳定协调地发展,使国民经济从整体上即速度、规模、效益上相匹配的发展。整体效益的目的性就是要求宏观——中观——微观经济效益相互协调发展,使经济增长、文化繁荣、社会进步。在局部效益目标与整体效益目标相排斥时,宁可牺牲局部效益,也要保证整体效益目标的实现。

第四,整体效益规律具有层次性。它具有层次结构特征,如国家整体效益——经济区与省区经济效益——地市县经济效益——企业经济效益。这种整体效益的层次性反映着不同利益主体的客观要求。从时间过程上来看整体效益,它具有过程相互转化的特征,如长远整体效益——中期效益目标——近期效益目标。这种整体效益的层次性,反映着效益不断积累转化的过程。无论从空间态式,还是从时间的动态转化过程,都显现出整体效益的层次性来,而在时空过程中,这种层次性是通过整体管理的层次性来体现的,国民经济的各个层次是一种相互制约、相互依存的关系。

整体效益规律要求生产关系一定要适应生产力发展的水平。在我国现阶段,在经济体制上应当允许宏观直接控制模式——有计划的市场控制模式——宏观间接控制模式并存,商品经济——有计划的商品经济——自然经济并存,计划调节——计划与市场双调节——市场调节并存,这种经济体制就为发展生产力,提高整体效益开拓了较为宽松的环境。这是整体管理论的整体效益规律所要求的经济体制。

综上所述,整体效益是一个系统的整体,它包括经济的效益的综合。国民经济在整体管理基础上,实现动态的相比较而存在的整体效益,整体效益大于其组成局部经济效益之和。局部经济效益是整体效益的组成部分,并在整体效益制约下分层次结构地进行运转;整体效益是人类社会不懈的价值追求。这就是整体效益规律最本质的内涵和最基本的内容。

二、整体效益规律是人们从事经济活动的基本准则

整体效益规律在国民经济系统中,主要侧重于整体经济效益。人类从事生产活动要自觉与不自觉地遵循整体效益规律,主要表现在以下几个方面:一是为满足某种物质的、精神的、环境的需要或是将不能直接满足人们需要,以及不能满足需要的物品,通过劳动加工成能满足或直接满足更多更高层次上的需要。人们的需要是物质的、精神的、环境的整体效益的需要,这种整体效益的需要,驱使人们去劳动、去工作、去创造。二是人们还追求在同样的劳动、工作、创造过程中,以最小可能的投入,包括活劳动和物化劳动,生产出更多更好的劳动产品。它是人类社会扩大再生产和人类自身的物质生活和精神生活改善的前提条件。这就是整体效益规律作用的结果。

三是只有经济上的整体效益好，才能有政治的稳定，社会的进步，文化的繁荣，生态的良性循环，才能取得经济、技术、社会的整体效益。马克思指出："时间的节约，以及劳动时间在不同的生产部门之间有计划的分配，在共同生产的基础上仍然是首要的经济规律。"①马克思在这里是指经济上的整体效益，整体效益规律，包括比经济效益内容更多的政治、社会、技术、文化在内的效益，即整体效益规律，这已经成为现今社会所共识的行动准则。

整体效益的变动取决于生产关系与生产力、社会与经济规律作用的结果。在一定的生产关系条件与生产力水平基础上，整体效益规律具有特殊的性质与表征方式。整体效益中，作为基础与前提条件的是经济效益，而经济效益的提高是节约劳动消耗，即节约劳动时间，提高劳动生产率，提高经济效益。例如，推进技术进步，提高劳动者素质，进行技术改造和设备更新；发展专业化协作，使劳动组织优化，使资源合理配置，使分配有效率；加强现代化科学管理，对生产过程的各个环节进行整体管理；激发劳动者的积极性和创造性，以此提高各环节的协调配合来提高整体效益。人们的一切经济活动都在自觉或不自觉地以整体效益为基本准则而进行物质的与文化的生产活动。

三、整体效益规律的现实意义

整体效益规律要求国民经济按有计划的商品经济模式向前发展。整体效益规律把社会主义生产目的——手段——原则有机地结合起来发展社会生产力。发展社会生产力就是以尽可能小的劳动消耗，获得尽可能大的效益。只有把提高整体效益，尤其是全社会的整体经济效益作为一切经济工作的根本出发点和基本准则，力求减少经济活动中物化劳动与活劳动的消耗，并使各项经济活动符合社会整体需要，才能更好实现社会主义生产目的。整体效益规律是贯穿于社会主义经济全过程和一切方面的总的要求。

---

① 《马克思恩格斯全集》第30卷，人民出版社1995年版，第123页。

社会主义经济是在公有制基础之上的有计划的商品经济,社会主义生产是社会化大生产,社会主义经济是一个多层次的整体,最终的目的是满足社会需要,这就决定了整体效益规律要贯穿于社会生产的全部过程和一切方面,是整个国民经济的客观要求。社会主义经济各个层次、各个环节、各个方面都必须自觉遵守整体效益规律,它是社会主义生产中经常起作用的经济规律,也是最基本的规律。整体效益规律是由生产发展的历史局限性与日益增长的物质、精神与环境需要之间的差异协同而产生的。整体效益规律要求生产出更多更好物美价廉的产品来满足社会需要,这是整体效益规律的客观要求。它是推动社会主义经济运行的内在动力。

整体效益是政治与经济体制改革的根本出发点。改革的出发点就是发展生产力,提高劳动生产率,更好地满足社会需求,以便使我国政治、经济、技术、社会、文化等方面协调发展。我国过去的经济体制,集中到一点就是不讲经济效益,不讲劳动时间的节约,"只算政治账,不算经济账",不讲价值指标,不讲经济指标以及由此造成巨大的浪费,1958 年的"大跃进"和1966—1976 年的"文化大革命"就是最突出的例子。讲求整体经济效益就要改革旧的体制和旧的运行模式。整体效益规律还要求社会主义生产关系不断地自我完善,改进生产关系中那些不符合生产力发展要求、不利于充分调动劳动主体的创造性和积极性、不利于提高经济效益的因素,要求社会主义生产关系在整体效益规律作用下不断得到完善,以求得到整体效益的充分提高。

第四章 整体管理的动力系统

人类已经走过了从原始社会到社会主义社会的漫长路程。人类的历史,首先是一种社会经济形态被另一种更进步的社会经济形态代替的历史。人类社会的运动、变比、发展是由劳动力、生产力与社会发展力这个动力系统所推动的。劳动力、生产力和社会发展力具有什么样的特征? 它们之间有什么联系以及如何推动社会发展的,这正是整体管理研究的重要内容之一。因为从系统的联系性来考察,整体管理是社会系统中联系各级层次子系统的纽带。整体管理既包括物的管理,也包括人的管理;既与劳动力相联系,又与生产力、社会发展力相联系。通过不断调整社会和自然的差异,不断调整人与物之间的差异,并通过信息促使对能和物质进行合理流通,提高整体管理,推动整个社会发展。就经济系统而言,整体管理的目的就是要使各种经济力量在经济建设中得到最充分、最合理的利用,使经济系统的运行达到最高效率与最优经济效益的完美统一,使社会主义的优越性和社会主义生产目的最充分地表现出来。而这一切的获得,都与劳动力、生产力和社会发展力的推动分不开。

第一节 劳 动 力

所谓劳动力,是指人的劳动能力,即人能够用于一切物质的和精神的、文明的资料生产的体力和脑力的有机整体的总和。劳动力也是一种重要资源,是一种有别于一般自然资源的"活得有意义的"资源,它具有时间性、消费性、创造性和社会性等特点。在讨论发展的动力系统中,劳动力是唯一能动的、起主导作用的要素。没有人的参加,其他要素都是死的,不能发挥作用。只有人才能使生产力的各要素结合起来,活动和运转起来,构成直接的现实的生产力。因此,列宁把劳动者称为"全人类的首要的生产力"。①

一、人对自然的受动性和能动性

人与自然的关系,是辩证唯物主义自然观的核心问题。辩证唯物主义自然观揭示了自然界最本质的规律,回答了自然界的本质是什么,自然界是如何发展的以及人是怎样认识它、对待它的。这些都涉及人与自然的关系问题。马克思曾经明确指出:"全部人类历史的第一个前提无疑是有生命的个人的存在。因此,第一个需要确认的事实就是这些个人的肉体组织以及由此产生的个人对其他自然的关系。"②在整体管理研究中,对人的管理研究首先遇到的正是人与自然的关系问题。

人类起源于大自然,人本身是自然界长期发展的产物。人从自然界分化出来以后,人与自然界的关系也随之建立起来。马克思主义认为,人和自然最基本的关系是一种"对象性关系",这种"对象性关系"可以表述为人和自然界互为对象,各以对方的存在作为自己存在的前提这种对象关系中。无疑,人对自然既有受动性的一面,又有能动性的一面。人,作为生物存在的物,具有自然属性。人的存在和发展,必须依赖于自然界。自然界是人的直接的生活资料,它提供了人的生命活动的材料、对象和工具。人只有依赖自然界提供的产品才能够生活,这便是人类以自然界为自己的生存根基。人作为自然界的一部分,不仅依赖于大自然,而且还必须服从于大自然,受大自然规律的制约,所谓"逆天(指自然)者亡"正反映了这一认识。这说明人从自然界分化出来,并非意味着完全脱离自然界,成为超自然的存在物。

---

① 《列宁选集》第3卷,人民出版社2012年版,第821页。
② 《马克思恩格斯选集》第1卷,人民出版社2012年版,第146页。

但是,人不同于一般的自然存在物,人在自然面前并不是无能为力的,并不是消极被动地适应自然界。人是一个积极的、能动的主体,在认识自然界的基础上,通过主观努力和探索,求得与自然的协调。"天地之生万物也,以养人"(《春秋繁露·服制象》)。同时,人还能制造工具,利用工具,依靠劳动去变革自然,支配自然,即能动地改造自然。人类在能动地认识和改造自然的过程中,也使人自身不断得到改造。这就是说,人与动物有本质的不同。人是有理想的,人有一个能思想的头脑;人是有力量的,人能够使用工具从事劳动,能动地改造客观世界。古希腊的哲学家亚里士多德把人说成是"陆栖两脚动物",18世纪的法国哲学家拉美特利把人比作是"一架复杂的机器",英国哲学家培根所说的"人不过是自然的仆役"等,都没有揭示出人的本质。而只有马克思对人与动物的本质区别进行了精辟的论述,他指出:"动物只是按照它所属的那个种的尺度和需要来构造,而人却懂得按照任何一个种的尺度来进行生产,并且懂得处处都把固有的尺度运用于对象"。① 这就是说,动物只能生产出自身,而人类不仅生产出自身,而且还能再生产出新的人的自然物质条件。人的生活是有理想有目标的,人们不只是只看到眼前,而且要看到未来;人们所追求的不单纯是占有现存的一切,而且还要创造现实中还没有的那一切。正是这种不懈的努力和创造,才有如此五彩缤纷的世界,才有美好灿烂的未来。

劳动是人的基本实践活动。人对自然的作用是通过实践(劳动)来完成的。马克思主义认为,劳动是人类社会中最崇高、最神圣的东西。正是劳动使猿转变为人。正是劳动,才创造了社会财富,从而推动历史发展。劳动这种实践活动,是人的智力、体力和协作力同自然的一种交往和融合,人通过实践把自己的能动性以物质的活动体现出来,人一天不进行实践活动,就一天不能得以生存。正是人的这种物质活动,使得自然界的一部分开始由一种天然的存在状态逐渐变成一种再生产出来的东西。这种再生产出来的东西是经过人类改造后而存在的自然物质,这种物质自然界已经不再是人

---

① 《马克思恩格斯选集》第1卷,人民出版社2012年版,第57页。

类产生以前的自然界,而是人的实践结果以物化劳动的形态同它凝结在一起,使自然界打上了人的实践的印记,对此,马克思称为"人化自然"。

人的受动性和能动性是经过"实践"这个中介而转化的。能动性以受动性为基础,能动性又是受动性的主导。人在认识自然改造自然过程中,化受动性为能动性。随着人类社会实践和科学技术的发展,人类越来越成为自然界的主人,人类支配自然的创造活动越来越活跃,人所创造的自然环境也不断得到扩大,计算机科学和生物工程学等高精尖学科的出现,就是这种创造活动的结晶。

了解人和自然的关系,人的受动性和人的能动性就会大大丰富整体管理的内容以及深化整体效益的原则。在整体管理中的实际意义在于:第一,人对自然的能动性,决定了整体管理必须注意人力资源的开发和管理。当前在人力资源开发中,必须注意两个环节,一是控制劳动力的再生产,就生产关系来说,是在生产过程中所产生的人与人之间的关系。就生产力来说,包括生产资料和劳动者,离开了劳动的人,也就没有现实的生产力。所以,在两种生产中,即物质资料的生产和人类自身的生产中,人类自身的生产处于重要的地位。但是,人又离不开物。物质资料的生产与人类自身的生产之间必须保持一定的比例,相互适应,才能使经济得到协调发展。二是注意人力资源管理的整体性,即生育、教育、就业一起抓。生育是起点,就业后发挥劳动能力是终点,教育是中间环节。这三个环节是一个相互连接、互为制约的有机整体。树立人口意识,建立合理的劳动结构,使科技人员、管理人员和其他熟练劳动者不断增加,非熟练劳动者、体力劳动者相对减少,促进生产力更快发展;通过幼儿教育、学校教育、在职教育等各个不同阶段和多种形式的良好教育,在德、智、体诸方面提高人口的素质,从而提高劳动者的劳动能力;广开就业门路,发挥劳动者的才能等是整个社会发展进行综合研究的重要课题,必须兼顾,妥善安排。同时,生育、教育、就业三者作为一个互相连接的整体,从人力资源管理的整体来考虑,最根本的就是要解决人力资源与物质资料的协调关系问题。因此,人力资源管理的根本要求,就是要与物质资料生产的管理紧密配合,从整体管理的角度,将三个环节统一起来,与整个国民经济进行综合平衡。第二,人和自然的关系表明经济发展必须与生态环境相适应。经济体系的整体管理必须以有利于资源的合理利用和环境保护为出发点。自然资源不是取之不尽,用之不竭的,要尽可能合理利用资源,对人类的生存和发展有着十分重大的意义。目前,我国人口自然资源占有量大大低于世界人均水平。据统计,原煤世界人均高出我国4.5倍,铁矿石高出2.5倍,森林高出9倍,土地面积高出3.37倍,耕地高出2.7倍,水资源高出4倍。而且,随着人口的增加,人均占有量还要下降。因此,对资源的合理开发和利用必须引起足够重视。就一个地区而言,资源的合理开发和管理也是十分重要的,例如,近年来,我国一些不发达地区都以自然资源转换模式作为本地区经济社会发展战略。这种资源转换的基本特点是,利用自身在自然资源方面的优势,吸引技术和人才在一定空间上组合,形成现实生产力。中东的阿拉伯国家和澳大利亚等国家近代的经济发展就是依靠自然资源转换来发展自身经济的典范。

环境保护是一个地区、一个国家,甚至是全人类的利益所在。同任何生物一样,人类同样需要适宜生存的空间。任何一个地区的经济发展规划,都必须把生态平衡作为重要因素考虑。生态平衡,是生态系统的物质循环,能量流动过程与其网络结构既处于永恒运动和演变之中,又不断达到相对均衡和稳定。体现了生物与生物、生物与环境,环境与环境之间的能量转换和物质循环的协调关系。以海南岛为例,海南岛是一个总体开发的绿色宝岛,自然资源丰富,有绿、蓝、黑、白四大自然资源,即热带农业资源、海洋资源和矿物资源,在海南开发的战略选择上,走绿色道路并重点开发无疑是最佳选择。这种求得生态平衡的建立,即是人的能动性的充分发挥,又是受动性的结果,假如不重视生产力的生态效应,不能正确处理人和自然的关系,生产力的高速有效发展就成为不可能。

二、人的需要是社会系统的动力源

系统理论认为,社会是多种要素有序结合的复杂整体,是一个运动变化着的立体网络系统。社会系统包含着三个最基本的要素,即作为主体和客体相统一的人,进入人的活动领域的自然界和自然物质,联系人和自然的社会关系与社会组织体。这样一个社会有机体,既没有生物机体中先天获得并内在蕴含的自动调节装置,也不会"自动地"实现对于自身内在要素的有效调节。在社会有机体中,一切都是通过人的认识和行为来安排和实现的,都是"自觉地"或"不自觉地"而不是"自动地"。因此,人是社会系统中唯一能动的、活跃的因素。

人为了生存和发展,就会产生需要,诸如食物、住宅、衣物等,为了满足需要,就要进行生产劳动,就要进行创造性的活动,而由此引起新的需要,就要再满足,再创造。为了满足需要和进行生产,人们就必需向自然界去索取,这就发生了社会和自然的矛盾。这一矛盾作为客观的强制力量,促使生产工具和劳动技能不断改进和提高,从而不断推动生产力向前发展。所以,人的需要是产生行为的原动力,是个体积极性的源泉。人的需要既是多种多样的,各不相同的,又是有共同需求的。因为处在同一时代,同一社会,人们在总体需要上又必然会有共同性,这种共同的需要,一致的追求,由无数个人所组成的社会需要,又会形成一股社会"合力",如阶级的需要、群体的需要等,从宏观方面为社会系统的运行提供动力,推动社会的发展。因此,我们说,人的需要不仅是个体积极性的源泉,也是社会系统的动力源。

人的需要包括物质需要、精神需要、环境需要和信息需要等。

物质需要,即人的衣、食、住、行等。这是人的基本需要,是心理学家马斯洛的"层次需要论"中第一层次需要。虽然是较低层次需要,却是人类维持生命和繁衍之所必需。只有这一需要得到满足,才谈得上下一个高层次的需要。对物质需要的追求,是人类社会的主要内容和永恒主题。物质利益、经济利益是人们进行社会活动的基础的动因。

精神需要,包括文化、教育、荣誉、友谊、尊重、成就等。这些是人的较高层次需要。随着社会生产力的发展,人们物质生活得越来越丰富,人类对精神需要的追求也越来越强烈。精神的力量是一种不可低估的力量,资本主义科学管理的代表人物泰罗恰恰没有注意到这一点,他把人看作是"经济人"，认为金钱是调动人的积极性的唯一因素，而社会主义现代管理则把人看成"社会人"，认为影响人的生产积极性除了物质因素以外，还有社会的心理因素，从而十分重视精神动因的巨大作用。

环境需要，人们的环境需要主要是希望社会提供一个有利于表现和发展的环境，比如：处处以人为中心，重视人的价值；物质财富及社会利益分配的合理性；有表现自己意愿，参与管理的机会；尊重人的各种权力并为其实现努力创造条件等。总之，创造一个人们心情舒畅、精神振奋、有利于社会成员焕发工作主动性、积极性和创造性的社会环境和生态环境，促使社会生产力不断发展进步。

信息需要，人类的生存和发展离不开信息。首先，人类对信息有特殊的依赖关系。人是一个远离平衡态有序度极高的生命系统，具有开放性，必须时时刻刻对外交流包括物质的、能量的和信息的交流，否则，就不能维持这个系统的有序状态。对此，美国心理学家曾进行过实验，苏联研究人员也从研究中得出结论：对于人类来说，刺激思维的外界信息联系，也像食物和热一样必需。其次，人的社会性决定了人类发展更离不开信息。人在社会生活中所接受的信息并不都是与生俱来，事实上，人所携带的遗传信息对人的后天发展起着一定的作用，人在社会生活中所接受的社会信息是人后天发展的重要因素。人类必须借助信息去认识世界，信息也已经成为人类改造世界的有力武器。人类正是凭借信息感受器感到周围的一切变化，根据这种变化，由大脑作出决定调整自己的行动，改变自己与自然斗争的策略。维纳在控制论中深入研究了人与外界的相互作用，他认为"所谓有效地生活，就是拥有足够的信息来生活"。可以说，人类是生活在信息的海洋中，一刻也离不开信息，特别是现代生活丰富需要及其复杂性，更对信息过程提出了前所未有的深层次要求。

物质需要、精神需要、环境需要和信息需要构成了人的需要的全部内容，这几种需要，通过信息的作用形成了一个需要的有机整体结构，缺一不可。物质需要是一切需要的基础，精神需要乃是推动社会发展的重要动因，环境需要是一个不可少的条件，信息则将物质需要、精神需要和环境需要通

过相互循环的立体网络呈现出来,形成有机联系的整体结构。如下图示意:

承认人的需要是客观存在的,并以此为出发点,正确引导群众的合理需要,激发人的积极性,促进生产力的发展,是马克思主义者的正确态度。马克思说过:"人们为之奋斗的一切,都同他们的利益有关"。① 我们党明确提出了社会主义生产和建设的根本目的就是"不断满足人民日益增长的物质文化需要"。这是由我们社会主义性质所决定的。在资本主义社会里,追求剩余价值是推动资本家不断进行积累和扩大再生产的内在动力,资本的目的不是满足工人的需要,而是生产利润,这与最大限度地满足人民物质文化的需要有本质的不同。在资本主义社会,生产资料资本家私人占有,资本家追求剩余价值的利益与工人利益是矛盾的,不可调和的;社会主义的劳动者对生产资料的共同占有,国家利益、集体利益、职工利益三者存在着一致性。职工努力工作,勤奋劳动,促进生产发展,丰富社会物质财富,既是国家的需要、企业的需要,也是个人的需要。共同的利益、共同的需要、共同的目标,无疑为发挥职工积极性提供了最好的心理条件,这也正是社会主义能激发出劳动人民的巨大创造力和进取精神,同心协力,团结一致地用辛勤劳动去实现共同富裕这一美好前景的原因所在。

人的一切需要都是受社会所制约的。需要的发展取决于社会生产力的水平和分配的性质,同时需要也反作用于生产力的发展。很难想象,古代人会对收音机、电视机提出需要;春秋战国时虽然战火不断,但决不会想到用核武器进行战争。可是,任何个人需要的满足都离不开社会的存在和发展这个前提和基础,只有社会发展了,人们的需要才能得到更多的满足。因

---

① 《马克思恩格斯全集》第 1 卷,人民出版社 1995 年版,第 187 页。

此,我们一方面要重视职工那些合理的需要,另一方面又要善于引导人们有意识地调节、控制自己的需要,使职工懂得哪些是合理的需要,哪些是不合理的需要;哪些是现在可以满足的需要,哪些是未来才能满足的需要;哪些是符合道德规范,不侵犯他人利益的需要,哪些是损人利己、损公利私的需要,等等。总之,整体管理就是要了解人的需要,引导人的合理需要,把劳动者的热情引向劳动创造,使得每个动力源都得到最合理、最有效的发挥,从而使整个社会系统能满足劳动创造的动力和活动。

三、激励——调动人的积极性

靠什么调动人的积极性?必须澄清两种错误倾向:一种是受极"左"路线的影响根本否定了个人利益、个人的需要;另一种是"钱能通神"、"金钱万能"、一切"向钱看"。这两种倾向之所以是错误的,就在于没有弄清什么是推动人们积极工作的动机。

人的积极性是与需要相联系,是由人的动机推动的。如何了解人的需要和动机的规律性,从而预测人的行为,进而引导人的行为,调动人的积极性。我们党多年来的思想政治工作积累了丰富的经验。在抗日战争、解放战争的艰苦岁月中,中国共产党领导全国人民前赴后继,取得了胜利,夺取了无产阶级政权,靠的是党密切联系群众,深入的思想政治工作"唤起工农千百万,同心干";在新中国成立后的社会主义建设时期,我们又取得了经济建设的巨大成就,使一个贫穷落后的国家正在走向富裕、繁荣、强大,靠的也是党的一系列思想政治工作,使广大群众精神变物质,形成社会发展的巨大力量。特别是在改革开放的今天,在风云变幻的世界形势面前,我国的思想政治工作进一步得到加强,思想政治工作内容更加丰富,形式更加多样化。诸如表扬与批评相结合、物质鼓励与精神鼓励相结合、抓两头带中间等。应当说,对人的行为,国外的行为科学作了较深入的探讨,特别是美国心理学家为此作出了贡献。对需要与动机的研究,就有心理学家马斯洛(A.Maslow)的"需要层次论";赫茨伯格(F.Herzbrg)的"双因素论";鲁姆

（R.Hvrom）的"期望理论"；亚当斯（Adams）的"公平理论"和"挫折理论"等。行为科学派着眼于调动人的积极性，协调人际关系，把心理学、社会学、社会心理学和人类学等科学成果引入了管理之中。它认为，生产不仅受物质因素，而且受社会因素、生理因素的影响，因而在管理中不能只重视物质、技术而忽视社会、生理因素。它强调人的因素的作用，提出了以人为中心的管理思想，这相对于泰罗的科学管理无疑是一个巨大的进步。但是，西方行为科学具有双重性。在吸取西方行为科学有益部分的同时，还要认真总结我们党多年来形成的思想政治工作经验，并使其有所发展，有所创造。

现代管理中，激励是一个重大的研究课题。何为激励？国外行为科学对"激励"的一种说法是，可运用于动力（drires）、期望（desires）、需要（needs）、祝愿（wishes）以及其他类似力量的整个类别。我们通常对"激励"的理解是激发和勉励，激励的过程是"需要——要求——满足"的连锁反应。激励因素就是能影响个人行为的某种东西，或者说就是那些能诱使人作出成绩来的事物和思想。激励的手段和方法有很多，行之有效的方法可以概括如下几条：

（一）目标激励

目标激励，就是用一个共同的目标吸引人们，推动人们去努力完成。或者说，在社会生活中，人们需要有一个共同的奋斗目标、共同的意志凝聚起来，组织起来。目标激励是通过目标管理去实现的。

目标管理是围绕确立目标和实现目标开展的一系列管理活动。目标管理是促使人们去承担完成任务的责任，变等待任务、等待指示、等待指导为明确目标、明确责任，积极进取，确保目标的实现。

目标管理具有整体性、层次性和自组织性。

整体性：目标管理的系统整体性，决定了目标体系的科学性和组织体系的完整性。目标体系制定是否科学，从根本上决定了一个系统的管理效能。组织体系的结构是否合理，从根本上决定了一个系统"整体大于部分之和"的功能。推行目标管理，首先强调目标管理的科学性。一是注重长期目标与中短期目标的联系；二是注重大系统与子系统的联系；三是注重当年管理目标与计划的联系。强调从时间、量和质三个要素,对人、财、物、信息、机构和管理六个方面,去组织目标管理,从而形成一个纵横交叉、协调有序的目标管理网络。

层次性:目标的制定,由总目标层层分解为各层次的具体目标,形成多层次目标体系。多层次目标体系决定了多层次的分级管理。它是以系统辩证论中层次结构质变律为基本理论,强调管理者工作数量、质量、序量的有效跨度,即"管理跨度",最大限度地调动每个机构工作人员的积极性,明确其职权范围和责任。目标管理可以有四个层次,即决策层、管理层、执行层和操作层。在这一层次管理体系中,每一个层次都是相对独立,又相互联系的,有利于机构工作人员行使职权,发挥才能。

自组织性:目标管理是建立在系统辩证理论基础上的。见诸实践,体现了这样的特征和作用:其一是自我调控。通过目标管理整体运行系统,按照已定目标体系的实施和运行,无疑它是一种自我调控。其二是自我激励。人既是目标管理的对象,又是目标管理的动力。目标管理把人与其为之奋斗的物质精神目标联系在一起,使它们从目标实施中看到自己的直接和间接利益,这就能够调动人的积极性和创造性。这样就可以把自我管理、自我激励、自我调控结合起来,从目标管理的自组织性,求得宏观管理与微观管理协调运行的整体效果。因此,目标管理是把个人的需要和组织的要求结合在一起的一种手段,也是激励的一种方法。

(二)群体激励

群体是一个整体。群体建立在其成员的相互依存和相互作用的基础上,并有特定的群体目标。群体"合力",是指通过协作所产生的一种新的力。"合力"可分为内涵互补与外延互补。所谓内涵互补,指个体间的密切交往而形成的群体"合力"。这种"合力"作用是不可忽视的。因为在一个社会里,人们之间不仅存在着经济联系,而且存在着社会政治的、社会心理的以及精神上的联系,这些联系相互交织彼此关联。而在一个群体里,人与人之间必然产生各种往来,如果交往融洽,相互配合协调,必然是一个生机勃勃的群体,"合力"作用就大。如果交往关系紧张,"内耗大",必然影响工作情绪,"合力"作用就小。而外延互补,是指按一定的群体、年龄配比和知识配比,组织成合理的群体,这是当前重要的群体激励。

当前,要发挥群体"合力"作用,激发群体动力,一是要强调最佳专业结构;二是要强调最佳知识结构;三是要强调最佳年龄结构;四是要强调最佳心理结构。现代科学技术的发展,信息社会生活的多样化,都需要综合多学科的知识才能解决,因此,在一个群体中,求得最佳专业结构是十分必要的。比如一个经济研究部门,既要有学习社会科学,懂得经济的,又要有学自然科学的,这样就会大大有利于定性与定量的分析,提高工作质量与效率。年龄结构也是值得重视的,例如一个社会,如果是老年人居多,就会缺少朝气,没有活力,不仅给社会生活带来许多不便,而且也势必抑制经济技术的发展,这就是西方一些国家对"老龄社会"的担忧所在。一个群体中,如果接近离退休的人占很大比例或者全部是年轻人,那么要想使工作有起色也是不可想象的。中老年有他们丰富的经验,青年人富有朝气,勇于开拓,"老、中、青"适当搭配,优化组合才能增强群体"合力",激发出更大的群体动力。

(三)领导激励

什么是领导? 从科学管理的角度说领导,是把领导看成领导者与被领导者和环境相互作用的整体系统。

领导(领导者、被领导者、环境)在一般意义上,人们对领导含义的表述是:影响人们自动地为达成群体目标努力的一种行为。

任何一个组织都是由领导者和被领导者两类人组成的。领导者是少数,被领导者是多数。多数人的意愿和多数人的力量从来是所在组织实现共同目标的基础,但这个组织系统能否体现多数人的意愿,能否调动多数人的力量,能否最终实现目标,决定因素正是属于少数人的领导。这就是人们通常所说的"群众是基础,领导是关键"。因此,领导的行为、领导的形象、领导的决策对他所处的组织及其实现目标必将产生深刻的影响。

长期以来,心理学家从不同的角度出发,对领导行为进行研究,提出了三种具有代表性的领导理论,即特性理论:集中研究领导者的个人特性;作风理论:集中研究领导者的工作作风类型以及不同领导行为对职工的影响;

应变理论:集中研究特定情境中最有效的领导作风和领导行为。我国党和政府从来就十分重视各级领导班子的思想建设和组织建设,对领导班子的廉政建设、提高素质、结构优化等方面作出了具体明确的规定,为社会主义四化建设提供了组织领导保证。为了更好地发挥各级领导班子作用,进一步密切领导和群众的关系,对领导行为的深入研究仍然是必需的。

领导具有组织功能和激励功能,一个领导者实现这两种功能,关键在于领导影响力。所谓影响力,就是一个人在与他人交往中影响和改变他人心理和行为的能力。影响力即威信。威信是一种客观存在的心理现象,是一种使人甘愿接受对方影响的心理因素。一个领导者的权威,是由权力和威信相加构成的。然而,权力是强制性的服从,而威信才是人们心里的佩服,由衷的接受。为了实施领导,使用权力是必要的,但是,如果光凭地位权力去推进工作,势必出现发号施令,以权压人,弄得不好,会使被领导者产生抵制心理。所以,即使主观愿望是好的,也很难收到好的效果。行为科学认为,实施领导应尽可能运用影响力。靠影响力来发挥领导作用。

领导的威信是靠领导自身的表现获得的,是由领导个人的品德、知识、才能和感情所决定的。如果一个领导品德高尚、廉洁奉公、正直为人、以身作则、严于律己,势必会赢得群众的爱戴和拥护,这种感染力和影响力是最可靠最宝贵的。

但是,领导还必须具备令人信服的能力,当前,特别强调决策能力,因为在改革开放的形势下,在国内外市场多变的情况下,新情况层出不穷,需要领导决策的问题太多了。

决策能力是多种才能的综合表现。决策能力一般由下列六个因素构成,即分析问题的能力、逻辑判断的能力、创新能力、直觉判断能力、决策的勇气、组织群体决策的能力。

决策能力的发挥与开拓创新精神紧紧相连。有开拓创新精神的领导,决策水平就高,实施决策后的经济效益就大。我国四化建设的步伐和国际新技术革命的挑战,正在呼唤着每一个有志者为振兴中华而奋斗,富有开拓创新精神的领导者必将大有作为。

（四）自我激励

毛泽东曾指出，人总是要有点精神的。人的一切行动都是由精神支配的。人如果没有精神上的欲望，没有精神上的支柱，这座"大厦"就会崩溃。怎样使人们意识到对社会的责任，并心甘情愿地为社会作出更多的贡献。这不仅是行为科学要研究的问题，也不仅是思想政治工作的重要内容，更是各级领导者必须十分重视的问题。但是，这一切仅是"外力"对个体的激励，而人除了需要外力激励外，还有一个重要方面的激励，那就是"自我激励"。

树立共产主义理想。无产阶级的奋斗目标是解放全人类，实现共产主义。把共产主义作为终生奋斗的目标，立下雄心大志，艰苦奋斗，这是时代对我们的要求。特别是在当前政治动荡，风云多变的世界形势面前，坚定共产主义信念，投入火热的社会主义四化建设中，更是"自我激励"最重要的方面。因为，只有树立了远大理想，我们的思想才能冲破狭小的牢笼，升华到一个新的境界，才能从工人阶级和全人类的根本利益考虑一切问题，才能有一种献身的精神，有一种高尚的社会动机，为推动社会的发展作出积极的贡献。

培养高尚的情操。高尚的情操是在全心全意为人民服务中逐步培养起来的。树立全心全意为人民服务的思想，就会从患得患失中解脱出来，就会精神振作，高瞻远瞩，襟怀坦白，兢兢业业，奋发有为，充满革命的乐观主义精神。树立全心全意为人民服务的思想，就会正确认识人生价值，努力实现人的价值，就能成为高尚的人，纯洁的人，脱离了低级趣味的人，有益于人民的人。在这方面我们的革命导师早就有精辟的见解。1835年，马克思在特利尔中学的那篇著名的自由命题作文中写道："人类的天性本来就是这样的：人们只有为同时代人的完美、为他们的幸福而工作，才能使自己也达到完美。"①他还指出，如果一个人只为自己而劳动，即便他能成为一个绝顶聪明的人，他也决不能成为完人和伟人。

---

① 《马克思恩格斯全集》第40卷，人民出版社1982年版，第7页。

锻炼坚强的意志。在人的生活中,会有成功,也会有失败,会有顺利,也会有挫折。可以说,困难就是矛盾。由于客观事物是运动发展的,而矛盾则贯穿了事物发展的始终。因此,困难和挫折是不可避免的,重要的是正视困难,克服困难,战胜困难。特别是在改革开放中,既要正确对待改革中取得的成绩、胜利,又要正确对待改革中的挫折甚至失败。正视困难,提高挫折容忍力,这是具有革命胆略和求实精神的表现。重要的科学发明和巨大的成就是属于那些百折不挠、意志坚定的人。困难里包含着胜利,挫折里孕育着成功,这一辩证法正在被越来越多的人所掌握。

保持乐观的情绪。情绪饱满,乐观活泼,是对事业、前途充满信心的表现。人类生活的世界是复杂的,任何情况的发生都是可能的,有顺境,也可能有逆境,应当顺时不骄,逆时不馁,任何时候都要乐观冷静,就会对任何事变应付自如,妥善处理。要想到生命属于我们只有一次,要珍惜生命,自强不惜,生命不止,工作不止,像保尔·柯察金那样,像张海迪那样,让生活更加美好,更有意义。整个社会要为实现每个人的价值创造必要的条件;同时,个人也要作出努力,不怨天尤人,不叹息命运,不自暴自弃,不自轻自贱,脚踏实地为振兴中华,为祖国的繁荣,为四化大业努力奋斗。

第二节　生　产　力

所谓生产力,是指人类认识自然和改造自然的能力,是解决社会和自然之间矛盾的客观物质力量。直接的、现实的生产力,是指参与生产过程的一切物质的、技术的要素的总和,其中劳动对象、劳动资料和劳动者,是构成生产力的实体部分。此外,生产力还包括其他一些因素,如科学技术、管理、信息、控制手段、系统关系等。近年来,科学理论工作者和从事实际工作的同志又对邓小平提出的"科学技术是第一生产力"的论断进行了广泛深入的探讨,并取得了共识。在社会发展动力系统中,生产力是社会发展决定性的因素,是最积极、最革命的因素。按照历史唯物主义的观点,人类社会的发展,归根结底是生产力的发展。生产力的发展是一切社会变革的物质根源。生产力的发展,必然促使生产关系和上层建筑发生变革,由此推动着社会形态的更替。马克思、恩格斯对此作过深刻的论述,在谈到社会主义代替资本主义时,马克思指出:"在资产阶级社会的生产力正以在整个资产阶级关系范围内所能达到的速度蓬勃发展的时候,也就谈不到什么真正的革命。只有在现代生产力和资产阶级生产方式这两个要素互相矛盾的时候,这种革命才有可能。"①如果说资本主义的发展靠生产力的推动,那么经过革命建立起来的社会主义制度的发展同样要靠生产力的推动。

在社会主义条件下,生产力要素更能发挥巨大的整体效益。但由于我们不善于管理,不去研究其内在规律性,使许多生产力要素投入后,不能有效地发挥经济效益,使其占死、沉淀。为使生产力要素活起来,动起来,我们提出了生产力要素的流动管理,属于整体管理论中结构管理里的微观管理。加强对生产力要素流动的管理,很重要的一个方面就要建立起使企业尤其大中型企业富有活力的管理、经营、约束机制。只有这样,生产力要素才能紧紧围绕经济效益这个根本环节自觉地、合理地流动起来。

第三节　社会发展力

所谓社会发展力,是指人类社会中有无数相互交错的力量,有无数个力的平行四边形,而由此产生出一个总的合力的结果,即非线性的系统合力。这个非线性系统合力就是社会发展力。在社会发展的动力系统中,社会发展力是社会发展的根本动力。

社会发展一般包括两方面的含义,一是指社会的物质发展,即社会的有形发展;二是指社会的文化发展,即社会的无形发展。正是社会的发展与变

---

① 《马克思恩格斯选集》第1卷,人民出版社2012年版,第541页。

化构成了历史。那么,是什么力量推动历史前进呢?马克思、恩格斯关于"历史的发展表现为一个总的合力的自然过程"的系统思想告诉我们,历史是这样创造的,最终的结果总是从许多单个的意志的相互冲突中产生出来的,这样就有无数互相交错的力量,有无数个力的平行四边形,而由此就产生出一个总的结果,一个总的平均数,一个总的合力。

马克思、恩格斯"合力论"的系统思想,不仅对于我们观察社会历史富有启发意义,而且,对于我们整体管理论研究也提供了一种依据。

第一,历史的发展是一种综合的力量,是整体效应。这种观点使我们对社会历史的认识,从简单的点与线转向立体的网络。这样,我们指导和促进社会变革就不应局限于单一因素的决定性作用,不能把经济因素看成是历史发展的唯一动力,应当说,人作为肉体的和自然的存在物,不能超越衣食住行这些经济条件的存在,任何一个社会都不能脱离特定经济生活和经济基础而存在,但是,在这个基础上,社会具有什么样的民族精神、文化形态、政治活动以及生产力水平的高低、技术进步的成就等,则不是直接或单纯由经济因素所决定的。这是在制定国家、地区或城市的战略规划中,尤其要把握的要点。一个城市或地区是涉及自然、社会、经济三个子系统组成的复合系统,是自然科学与人文科学的交叉,具有高层次的综合性。因此,制定战略规划注重考察自然系统是否合理,经济系统是否有效,社会系统在总体上是否健康协调发展,生态环境是否向良性循环发展,由此制定出一个既有宏伟目标又有可操作性对策的经济社会协调发展的战略规划。对于历史的发展是一种"合力"的认识,使我们整体管理有了更深层次的内容,既要分析社会的经济因素,又要考虑政治的、文化的、个人的、心理的等等因素在社会进步中的作用,从而从整体上把握住管理的内涵。

第二,历史发展是各种因素、多种力量相互作用的结果。从政治经济学的角度考察,人类社会的发展是由生产力、生产关系、上层建筑相互联结、相互制约、相互作用形成的一个整体力量而推动的。或者说,社会形态是奠基于一定生产力之上的一定的经济基础和一定的上层建筑的统一。上层建筑由经济基础(生产关系)所决定,经济基础(生产关系)又由一定的生产力所决定。这就是说,生产力、生产关系、上层建筑的作用并不是不分主次,平分秋色,而是生产力决定生产关系和上层建筑,有什么样的生产力,就会建立什么样的生产关系。它们只有在适合生产力状况的条件下,才能成为社会发展的力量。但是,生产关系并不是消极被动的,无所作为的。生产关系是生产力赖以存在和发展的社会形式,它对生产力产生巨大的反作用。如果上层建筑不适合于生产关系(即经济基础),而生产关系也不适合于生产力状况的话,那么,这种上层建筑和生产关系的合力,将会严重破坏生产力而阻碍人类社会的发展。正是生产力与生产关系的统一,才促使人类社会生产方式的更替,从原始的、奴隶制的、封建制的、资本主义的和社会主义的五种生产方式更替中,可以看出生产力和生产关系统一的巨大作用。当前,我国的深化改革,从根本意义上讲,就是对发展生产力道路的选择,就是生产关系和上层建筑的自我完善;就是运用生产关系必须适应生产力发展这一规律,自觉调整和解决生产关系不适应生产力,上层建筑不适应经济基础的方面和环节;就是为了提高劳动生产率,给人民带来更大的利益。比如经济结构(包括计划体制、产业结构、劳动力结构、价格结构、财政结构、金融结构、外贸结构等)、政治体制、科技体制、教育体制等改革,就是通过调整各种关系,相办调,找出一个合理的结构,发挥出更好的功能。通过改革,使我们从复杂的社会现象中区分并调整物质关系和思想关系,经济基础和上层建筑,从而揭示出不同系统的共同本质和共同规律,推动社会历史的发展,这是运用马克思主义"合力"系统思想指导中国革命和建设实践的具体体现。

第三,历史的发展是在组成社会有机体的各子系统彼此交互作用和与外界进行能量转换的过程中才得以实现的。由此可知,一个社会是封闭的,还是开放的,直接关系到它能否发展。任何系统都处于一定环境中,它与外界环境有着千丝万缕的联系。任何系统如果要得到自身的发展,并保持自己的稳定性,必定要与环境不断进行物质、能量和信息的交换。一个生物有机体之所以能够抵抗外界的瓦解性侵犯,保持自己的生命活力,就是因为它是一个能与外界进行物质、能量、信息的交换,是一个开放的系统,一个系统一旦不与外界进行这几方面的交换,就是封闭系统,就没有活力,甚至窒息生命。有体生命系统如此,一个社会也是如此。一个开放的社会,开放的系统,可以加速其与外部物质、能量与信息的交流,使社会系统内部各种要素充满活力与生机,从而推动历史的发展。从这个意义上讲,一个社会是否发展,取决于开放度有多大;而开放度大小取决于外界物质、能量、信息的数量和频率,交换力越高越频繁,其活力越强。

我国正处于社会主义初级阶段,生产力水平还不高,生产关系不适应生产力发展还有诸多方面,因此,要实行一系列的改革,变封闭半封闭的社会为全方位的开放式的社会,变单一的经济发展模式为科技、经济、社会协调发展的模式。不少城市和地区提出"内引外联"的经济发展思想,就是总结了过去封闭半封闭式发展经济缓慢的教训而提出来的。就是要在更大范围和更广阔的市场上进行经济活动,从而实现生产要素的优化组合和合理的再生产诸环节的分工。历史的经验告诉我们,社会主义国家的经济建设,只有放在整个世界国际经济的环境中,置身于国际经济系统之中,以国际市场为活动范围,发挥本国优势,不断与国外进行物资、能量、人员、科学技术、信息的交流,并互通有无,才能加速本国经济的发展。

第四节　劳动力——生产力——社会发展力

劳动力——生产力——社会发展力是社会发展的动力系统,是一个有机结构的整体。在社会发展动力系统中,劳动力是生产力中最革命最活跃的要素,起主导作用。生产力是社会发展决定性的要素,是劳动力和社会发展力的中介,与劳动力和社会发展力相互联系、相互作用;共同推动社会进步。而社会发展力则是历史发展的一个总的合力,是社会发展的根本动力。劳动力——生产力——社会发展力三者是一个有机结构的整体,构成社会发展动力的范畴。因此,我们在指导和促进社会变革中,必须全面考察社会发展的动力系统,不能顾此失彼。例如,在生产力中,劳动者虽然是生产主体,是根本的、起主导作用的要素,但是劳动者只有使用劳动资料作用于劳动对象,才能构成现实的生产力。在生产过程中,劳动者不断积累生产经验,形成新的劳动技能,不断开辟新的生产途径和部门,这时就会出现原有的劳动资料同这种新的变化不相适应的矛盾,从而推动劳动者改进生产工具和其他劳动条件。随着劳动资料的更新,就需要一批能熟练地使用新工具的人,需要培养和造就出掌握新的生产经验和劳动技能的劳动者。新的劳动资料,新的劳动者,更新的劳动资料,如此循环往复,由此推动生产力的发展。我们只有把劳动力——生产力——社会发展力看作一个有机整体,它既是物(生产资料),又是人(劳动力),既讲生产力,又讲生产关系及其上层建筑。在社会发展动力系统整体作用下,使整个社会"机器"正常地运转起来,从而有力地推动社会向前发展。

对于劳动力——生产力——社会发展力这个社会发展动力系统的研究,使我们很自然地把眼光转向世界新技术革命。这是因为,当前新技术革命已经引起生产力诸要素的变化和诸要素相互联系的变化,主要表现在:作为生产力第一要素的劳动者将由体力型转变为智力型,作为衡量生产力发展尺度的生产工具,将由机器转变为自控过程;劳动对象将由加工自然物变为加工"信息";生产管理从经验型转变为科学型。这些变化给社会带来的直接效果是:就业结构和劳动力结构改变了,脑力劳动者在就业人口中所占比重日益增加,新的生产部门不断涌现,劳动者队伍从生产领域转向非生产领域,从物质生产部门转向精神生产部门,服务领域人员迅速增加,产品中凝结的脑力劳动越来越多,自动化代替了机具操作者的人,原来的制造过程成了由人有目的地安排的互相发生作用的自然过程;劳动对象主要的已不是直接加工物质资料,而是直接加工信息,生产管理成为生产力、系统管理、定量的科学分析,产生了质的变化。总之,新的技术革命说明人类征服自然,改造自然的深度和广度扩大了,使生产力产生了质的飞跃。我们正处在信息时代,新技术革命的时代,在今后的年代,正在形成的世界信息经济,在历史学家的眼里,将被看作与18世纪下半时的英国工业革命同等重要的大变革,电脑和机器人,人工智能专家系统将进一步代替人们去完成那些单调而重复的作业,尽快缩短我们技术落后的差距,创造比资本主义更高的社会生产效率,是我们从事理论工作与实际工作的同志共同的心愿,一致的目标。

第五章 整体决策

　　整体决策是整体管理得以实现的前提条件。深刻认识这一前提条件，是研究整体管理理论的逻辑起点。在实践过程中这种逻辑起点则是倒置的。管理的一般性是在有管理的实体系统及机构，然后提高管理要素职能的机制，最后才有整体运动向科学方向发展的决策。整体决策则是研究使整体管理如何落到实处，使决策具有整体管理的特性，使整个国民经济的诸要素在整体管理中，协调而有序的发展。整体决策是整体管理的前提，整体管理是整体决策的基础和后果。两者相互依存、系统辩证的向前发展。本章将从整体决策开始，对整体决策的概念、必要性、决策体系，以及决策的程序等监督机制进行分析。

第一节 整体决策的基本内容

　　思想意识指导人的行为，是人的活动的前导。个人的行为都是在自觉或不自觉的思想意识等支配下而动作。从这种狭窄的意义上来讲，简单地认为决策是一种思想意识作用的体现。这不是我们要论述的，我们要研究的是在一般意义上决策的整体性即整体决策。

一、决策概念

　　决策概念，争论至今，有这样几种：一种是由科学管理学创始人之一、世界著名经济学家、美国科学家赫·阿·西蒙（H.A.Simon）提出的"管理就是决策"；一种是由中国著名经济学家于光远提出的"决策就是作决定"；还有的认为决策就是选择，就是领导"拍板"等等。所有这些解释，都从不同的角度揭示出了决策的一定本质规定性，但必然存在着某种局限性。《决策学引论》认为："决策就是对未来实践的方向、目标、原则以及有坚持方向、贯彻原则、达到目标的方法与手段所作的决定。"

根据系统辩证论的基本规律与范畴，我认为，决策是指决策系统对未来系统实践所要达到的目标和方向、路线与运动方式所作的决定。在这里，一方面坚持实践是决策的前提，决策又指导实践，决策与实践两者相互作用，不断发展，即决策的作用范畴是主体与客体在实践基础上相互作用；另一方面决策系统对未来实践过程所要达到的目标离不开系统与周围环境进行物质、能量与信息的交换，离不开系统本身在要素上的差异协同，在结构上的质量互变，在层次上的相互转化，在系统与环境上的整体优化。决策离开了系统，就没有内容，就没有对象。例如一个战略、一个规划、一个设想、一个方案，离开了系统与实践，对未来发展目标不起任何作用，那就只能是一种看法、一种理论、一种方案。即使是这种看法，理论与方案很有价值，但没有被采用，也构不成决策。

人类社会是一个庞大的复杂系统，人类系统的实践活动是在一定目标激励下进行的。在一般情况下，系统进行的目标，是在实践过程之前就决策下来的。决策属于主观意志的表现。但它又离不开系统与实践，它需要系统在实践过程中去进一步检验其决策结果正确与否，并为系统的下一步决策提供理论依据。决策是一个不断发展、不断协调、不断完善的运动过程，那种一成不变的决策是不应该存在的。决策是分层次的，它不仅有时效上的层次性，即历史过程的梯度，还有不同要素、不同结构、不同系统、不同环境的种类层次性，即横断面上的特性，还有要素的决策、局部的决策、全局的决策，及个人决策、集体决策、整体决策之划分。不同的系统、不同的环境、不同的实践针对不同的决策，决策绝非一个类型、一个模式。人们对问题的判断能力和决策能力，取决于他对系统内在规律性与对系统外在环境变化趋势的认识程度决定的。决策的实践结果与预测的目的相一致或基本接近，就称决策为正确决策，如果决策的实践结果与预期目的相差甚远或者相背离，就称该决策为失误决策。

决策概念有这样几个显著特点：一是决策是主体人的主观意志的表现，即用脑力思维的活动行为；二是决策不属于系统本身的实践过程和价值标准，但又不能与系统、实践和价值标准相割裂，决策过程和决策实施中的知识、信息和经验的获得具有系统实践性；三是决策具有超前性，决策是对未来实践活动的理想、意图、目标、方向、原则、手段、方法等所作的决定；四是决策具有社会性，它是对以往系统实践过程提供结果的借鉴，无论是个人决策、集体决策和整体决策都含有无数的过去、现在的人的个人思维成果；五是决策是依据一定时空条件下的价值标准，对系统未来发展进行目标决定，决策具有明确的目的性。人们的价值取向将使人们选择奋斗目标，目标的确定要以价值为前提，这是决策的客观依据。

二、决策简史

决策的由来与发展，主要是决策科学即决策学的发展简史。研究决策学的简史，目的在于寻找决策过程的客观规律，吸取决策活动的经验与教训，以减少决策的失误。

决策学是研究、探索和寻找作出正确决策的规律的科学。它是为决策提供科学理论与方法的科学。它主要通过研究决策概念、决策范畴、决策要素、决策结构、决策理论、决策原则、决策方法、决策过程、决策组织等系统辩证关系，使主体与客体在系统实践过程中更好地结合起来，以提高人们正确地认识系统整体和调节系统的运动、变化与发展，以达到系统未来发展的目标，并对系统整体近期和远期可能出现的不良后果作出事前决定。广义的决策学还包括决策研究。

决策是指运用决策学的理论与方法，结合自然科学与社会科学的具体知识，去探索和揭示经济、技术、社会、军事、政治等各个领域，以及人口、资源、能源、环境、生态等重要问题,在不同的时空条件下,运动、变化等发展的客观规律,从中指出某一系统发展方向和趋势,各种系统发展过程与条件研究并制订出整体优化的实施方案,提供可供选择的目标体系,以及达到目标所需要的手段和方法,用以指导人们的实践活动。

决策学的发展,大致经历了这样几个阶段:

一是史前决策阶段,即古朴的群体决策;二是古代决策阶段,即个体决策;三是近代决策阶段,即团体决策;四是现代决策阶段,即整体决策。决策学经历了"群体决策——个体决策——团体决策——整体决策发展的循环过程,这是由于社会生产力发展,人类知识构成增多,人们在宏观、微观不同层次上活动深度不断拓宽的结果"。

第一,史前决策阶段,即古朴的群体决策。人类的决策活动有着悠久的历史,人类的产生就标志着人类决策的产生。也可以讲,有了人类就有了人类的决策活动。人类的语言、思维和有目的的活动,就是在人们活动之前那种存在于大脑中支配并激励人们行为的思想意识即理想、意图等等,这正是决策过程的结果。决策所依据的知识等经验,离不开群体的实践活动,并为群体的目的去进行,它具有古朴的直接的群体决策的特征。

第二,古代决策阶段,即个体决策。古代决策集中反映在奴隶社会、封建社会和资本主义前期阶段。决策的目的直接反映着少数统治者的利益,它反映着奴隶主、封建官吏、地主、资本家的意志。奴隶主的意志就是迫使奴隶接受,否则奴隶就不能生存;知县就是父母官,他们的意志就成了全县的意志;地主的意志就成了庄园成员的意志;资本家的意志就成了企业雇佣工人的意志;皇帝则有"朕即国家"之尊。很明白,这些个人的决策就构成了不同地域的人们未来行动的方向、目标、原则和方法,并用法律固定下来。决策者决策过程中,也聘请一些食客、管事、师爷和顾问来参与决策,但决策的目的是维护统治者少数个体的利益。这时的决策具有明显的个体决策的特征。例如,我国二十四史则是一部国家最高决策者即帝王将相的决策史;《资治通鉴》则是最高统治者决策经验与权力的决策史料;《孙子兵法》则是春秋时期军事决策的典范。运筹帷幄决胜于千里之谋,诸葛亮的隆中对,唐太宗的贞观之治,丁渭重建汴宫等大量史料典籍中,可以看出决策的重要性,并从中总结出决策的原理与方法,用来指导今后的决策。但这一时期的决策属于个体决策,因此它的历史局限性也很大。

第三,近代决策阶段,即团体决策。主要是指资本主义发展时期与社会主义的初级阶段。在这一历史时期中,由于科学技术的突飞猛进,社会生产力高速发展,社会进步展现出崭新的面貌,人类的历史,人们的活动空间与时间都大大地被浓缩了。决策的正确与否,与事业的成败有直接的关系。决策的重要性越来越被国家的统治者、领导者和企业的经营者与管理者所认识,并且还认识到只靠少数人去进行个体决策的成功率越来越低,这就将使领导者、经营者、管理者走向社会,依靠团体的智慧去进行决策。例如,牛车靠赶车人的缓慢直觉来进行,驾驶汽车要靠驾驶员个人敏捷快速的动作去行驶,驾驶飞机要靠飞行员个人的敏捷反应,要靠仪表传递信息,还要靠地面不同专业人员通过无线电对飞行员提供各种飞行信息,火箭的飞行则要靠各种仪器、仪表提供的信息,各专业人才协同作业,才能完成,"牛车——汽车——飞机——火箭——飞船"这一交通工具发展的范畴链,充分证明了科技高速度的发展,导致了社会生产的大规模高速度,科技与生产的高速度又直接引起社会生活的高速度。科技、生产、生活的高速度在人类社会这个庞大的系统整体耦合后,所产生的智囊信息以乘数加速度猛增。这种爆炸的信息仅以某个个体或单一专业的智囊团把这些信息全部收集,并进行决策与管理,则成为完全不可能。严峻的现实要求决策与管理由个体活动向社会集团活动发展。

第四,现代决策阶段,即整体决策。在现今社会里,由于科技、生产与生活的高度、高速发展,导致了信息大爆炸。这种信息已不能使个体或单一智囊团体所收集、分析、输入与发射。只能靠不同专业的智囊团体联合起来,形成一个智囊整体,并采用计算机为手段,进行信息处理,提供决策方案,实行现代管理。这是现代决策阶段进行决策管理的主要特征,这也是钱学森同志提出的"定性(专家意见)与定量(计算机模拟合算)相结合的综合集成法",其实质是人(专家与决策者)与机(电子计算机)组成一个有机的整体决策系统。系统辩证论把这一阶段的决策称为整体决策。

三、整体决策概念

系统辩证论认为,世界是物质的,物质世界是成系统的,系统又是诸要素相互联系与周围环境形成的有机整体。因此我们说,世界是一个整体世界,整体世界需要整体管理,整体管理产生整体效益。要对客观事物实行整体管理,要的任务就要有整体决策。整体决策这一概念,是人类认识世界、改造世界的实践结果。

整体决策强调,决策系统与系统决策周围环境以及周围环境未来发展趋势的辩证关系。整体决策还强调决策者、决策对象、决策环境、实践过程、目标体系、价值评估等要素组成决策系统整体,强调决策的整体相关性。

整体决策的主要特征有以下几点:

第一,整体决策有明确的理论依据,科学的方法与手段,以及与整体决策相近的实践模式。整体决策是以系统辩证论为理论依据,整体决策在继承民主集中制这一基本方法基础上,吸收并发展了现代一切科学决策方法,例如运筹学、博弈论、系统工程、网络技术、灰色数学。同时,整体决策的辅助工具和有力手段就是电子计算机、自动化技术、人工智能等,这些都为整体决策的形成打下了良好的基础。特别是信息技术、模拟理论的出现及其同电子计算机的配合,为经济、技术、军事、社会、生态环境、宇宙空间等进行模拟试验,都为整体决策带来了可能。在实践上,美国的"科学研究与发展局"、"兰德公司"、"拉默·经德琦公司"、"斯坦福研究所"、"赫德研究所"、英国的伦敦战略研究所、法国的计划研究与发展部、日本神户大学的系统工程学科,还有由美、苏、日等17国参加的国际应用系统分析研究所等机构,都是从系统整体决策方面对世界未来发展进行决策研究。例如,海湾战争发生前后,这些机构利用一切先进手段,从空中、海上、陆地每个角度收集信息,并对战争发展趋势,以及对本国和整个世界在经济、政治、军事、生态环境以及人们心理带来的影响,并提出相应的对策。从上述情况可以看出,整体决策开始被人类所接受。

第二,整体决策注重于定性与定量的系统辩证关系。整体决策在常规决策上,利用法律、道德、制度、程序等规定下来,使人们的行为程序化、规范化、制度化,使社会活动有序运转。在复杂动态系统决策上,采用系统分析、仿真技术、模拟演示等手段和方法,使决策具有准确度高、速度快和整体效益最佳,整体决策要求决策本身科学化,精确化,提倡决策的质量化,这就需要把多变量、概率型、动态型复杂庞大的信息,编制数学模型输入计算机,利用其高效率的运转,寻找最佳的整体效益方案。整体决策一方面强调定量决策,另一方面又强调定量与定性相结合的决策。这是由于某些因素,如人的心理因素和社会因素难以量化,眼下很难搬到数学模型上;还有系统世界正在向精微化和宏大化两个方面发展,目标变量一时还难于描述出来;有些常规决策信息,还没有简便的数学方法,因此必须坚持把定性与定量结合起来,以人为主,人机结合起来。在管理实践中,定性决策还要长期存在,计算机只能作为一种手段,来代替人脑的一部分功能,而不是全部。当电脑无限接近人脑时,定性决策还是有用的,否则,就是人听机器,而不是机器听人。整体管理论认为在一般意义上讲,不能把定量决策估计过高,甚至超过定性决策,这是由于定量要受质变的约束。在不同的时空条件下,正确处理人与机、定性与定量、硬技术与软技术之间的系统辩证关系,则是整体决策的一大特征。

第三,整体决策具有准确高速的特征。准确化是整体决策的前提,也是对高速化的要求。准确化是指决策信息的质和量的规定性。没有决策信息、决策对象、范畴、性质的准确,决策就会失误,整体系统就要出现偏离运转;没有信息量的精确,决策也就不能很好地在系统内贯彻。质与量是整体决策准确的基础条件。只有准确而无速度,或者只有速度而无准确,这都不是整体决策的要求。当今社会是经济、技术、信息迅猛发展的时代,整体管理对决策提出高速化要求。时间价值在现代决策中显得更加重要。随机因素,各种趋势和机遇都处在稍纵即逝的变化中,不失时机地抓住信息,进行及时决策,实行整体管理,系统就会处在最佳运转中。因此,整体决策要求决策系统与系统决策处在准确高速运转过程中。

第四,整体决策具有整体相关性。由于世界是一个庞大的物质系统,世界系统的诸要素相关联,交织综合而复杂,任何决策系统都不可能孤立地存在,对于一个地区、一个城市、一个国家的战略决策更是如此。系统事物本身具有不可分割性,决策所需信息要从纵横交错的矩阵网络和立体网中,从系统所处的多维空间去获取信息。同时决策系统的决策目标在横断面上,整体决策实质是一个动态相关的系统决策过程。在这个决策过程中,还包括决策性质、决策方法、信息处理、审定等方面的相关特征。

第五,整体决策具有系统结构层次性。整体决策已形成了主要由智囊库——计算机——决策集团所组成的决策系统。决策系统承担起了整体决策的主体任务。决策的发展过程都由智囊库、计算机和决策集团三者来完成。在这种结构中,三者除了应有的执行程序外,还彼此互相反馈和控制。智囊库从计算机获得信息,又将加工后的决策信息存入机内;既从决策集团获得指令,又给决策集团以观点方法;既与决策集团保持着种种联系,又相对独立于决策集团而开展决策研究。智囊库以这种研究方式保证决策的客观性、整体性和高效性。决策集团目前正在摆脱大量常规性的决策,这种决策大都由中下层次者和计算机来完成,由不同职能部门执行运转,高层次决策者与集团,主要是创造性和承担起战略性的随机的非程序性决策,把精力用到战略意义和重大决策上来。在一个国家或地区内,有高效决策集团,与这相配的决策研究机构——部门与地区间的中层决策集团,与之相匹配的决策研究机构——市地县及决策集团与之相匹配的决策研究单位等。各个层次的决策研究机构通过信息的相互联系,以保证整体决策的正常运转。

当然,整体决策除以上所讲到的五大特征外,还具有现代决策所共有的特征。

第二节　整体决策体制与程序

整体决策体制是指承担决策研究的决策集团、决策咨询机构和决策执行系统有机组成的整体,并依据法定程序将决策系统整体的各个要素、结构、层次的信息传输程序固定下来,把它规范化、制度化。整体决策要求决策系统的各个层次、各个部分、各个单位要有明确的决策权限、组织形式、机构设置、调节机制、监督方法,以保证整体决策准确、及时、有效的运转。

整体决策体制与程序,在一般意义上要有大系统构成,即信息系统——研究咨询系统——决策集团系统——决策执行系统——监督系统——反馈系统等。这些系统就构成了整体决策的体制框架和决策程序的基本模式。下面就整体决策体制框架、决策程序模式和决策的基本原则作一分析。

一、决策体制框架

决策体制框架是指构成整体决策的各个系统的基本结构和运行机制。下面就整体决策体制中的六大系统分别作一论述。这六大系统实质上在整体决策体制中只是分系统与要素,这些分系统与要素是相互作用、相互依存、互为前提条件,不同的是各分系统的结构、功能、地位与作用不尽相同罢了。

第一,信息系统。信息系统是指依靠特定的信息网络与机构,取得信息的过程,是信息集合体,是整体决策大系统的一个基础分系统。整体决策过程从信息论的角度来讲,就是获取、加工、传递和利用信息的过程。信息系统是整体决策的前提条件,它占据着首要地位,没有信息系统就没有整体决策。因此,整体管理论把整体决策的信息放到首要的地位,这是由信息的重要作用决定的。信息是情报、数据、知识的综合,是通过代码、图纸、报表、指令、语言反映出来,并能被人们所认识和接受。信息具有传递性、交换性、扩散性、压缩性、代替性、开发性、共享性、无限性和时效性的特征。由于信息具有这些特性,这就决定了信息在整体决策过程中的基础作用与前提条件,信息贯穿于决策研究、实施、控制、协调、反馈等全部过程中。在现代社会里,信息是无价之宝,它可以转化为金钱和物质财富,但许多信息是不能够用金钱与财富来度量和来买卖的。信息与信息系统在整体决策中,作用越来越大。

信息系统主要由信息、档案、统计、数据库、图书资料、咨询、监督、反馈等机构构成。信息机构是信息系统的综合部门，它的主要任务就是向决策研究者和决策者提供所需要的情报信息。档案机构主要任务是收集、整理、保存历史记录和以备考查的文件、技术图纸、影片、录音带等。统计机构就是利用各种科学方法，根据一定的原则，进行资料的收集、整理、分析等项工作，它主要侧重于社会经济的统计调查、统计分析、统计监督、统计预测等方面的任务。数据库及计算机通信机构，它是把若干文化、资料通过整理分类，输入计算机转变为信息集合，并起到储存、检索、修改、安全保存、有效输出等作用。图书资料机构通过收集、整理、加工、组织、保管、宣传、传递和开发利用图书资料、科技情报为决策研究与决策服务。咨询、监督、反馈机构主要是以信息为基础，对决策进行事前谋划、论证和事后结果评估、问题分析、方案研究等工作。这几个机构有机结合起来，职责分明，权限明确，制度严紧，奖罚适度，以确保信息系统的精确高效运转。

第二，研究咨询系统。研究咨询系统同信息系统一样，是整体决策大系统的一个基础分系统，它属于信息系统与决策集团系统的中介，它与决策集团的关系更为密切，它是整体决策科学化、民主化的前提条件。决策研究与咨询系统是社会化大生产和现代科技高度发展的产物。由于现代科技的迅速发展，加速了社会经济生产专业化、综合化、社会化的进程，人类社会的活动更加丰富、更加复杂、更加多变，科技与生产竞争更加激烈，外向型经济与国际交流更加频繁，这就使领导决策的难度增大，而且决策的影响也越来越深远，时间性和可靠性的要求也越来越高。对于意义重大、情况复杂、带有全局性、根本性、长期性问题进行决策，就要依靠专门的"智囊团"、"思想库"、决策研究班子，为决策者进行决策提供依据、方案、策略和方法。例如各级政府的政策研究室、经济研究中心、战略研究中心等，还有一些社会集团兴办的咨询服务公司、科技情报机构、学术研究会等，这些机构对领导机构决策科学化、民主化、制度化起到了重要作用。研究咨询系统从构成与分类来看：从组织形式上又分为单位内部研究咨询机构，社会研究咨询机构，围绕一个课题而成立的课题研究咨询组织等;从管理形式上可分为官方研究咨询机构、半官方研究咨询机构和研究咨询机构等。从组织机构的性质来看,大致可分为个体研究咨询企业、营利性综合研究咨询机构和研究咨询行业协会与学会等。在研究咨询系统中,应当注意由不同领域、不同专业的学者、专家、人员等组成,并要求研究咨询机构本身机构要合理,咨询人员不仅要有一定专业知识,更为重要的是要有一定的实践经验,有解决实际问题的知识经验积累,这样才能充分发挥研究咨询机构的整体优化效应。

第三,决策集团系统。该系统在现代领导决策体制中居有中心与核心地位,它是信息、研究咨询、决策执行、监督与反馈各分系统所组成的整体决策系统的结构核心,它承上启下,直接作用与反作用于各分系统,对于整体决策具有十分重要的意义。决策集团系统是指处于整体决策系统中的结构核心地位的各个人的集合,它有时表现为代表集体的个人,有时表现为整体决策的集团。决策集团系统在整体决策体制中,是极力排斥个人高于集体或集团,反对个人武断、专断与独断,又反对那种不负责任、不讲科学、不承认个人天赋与经验的松散决策集团。决策集团应当是发挥整体效应,取长补短,调动决策集团每个成员的积极性和责任感,使整体决策科学化、民主化和制度化。整体决策讲究决策的整体效果,即决策目标是否能实现,执行效果是否能满意,整体决策的全过程和一切方面是否符合客观实际。决策集团系统要求决策的整体性,它首先为整体决策提出目标与问题,使信息系统围绕目标收集信息,使研究咨询系统围绕目标与问题制定多种可行性方案,使自身系统能科学民主地作出决策方案的抉择,并使执行系统有指令可行,使监督与反馈系统及时反馈有关信息,以便修正决策方案,调整决策行为,决策集团是整体决策体制的核心与中枢。决策集团系统具有统率性,它为信息系统提出收集信息的方向,为研究咨询系统提出研究目标,为执行系统提供行为准则,为监督反馈系统提出反馈要求。总之,决策集团系统要在精简、优化、权限有度、智能互补原则下,进行及时果断、主动创新、民主决策、择优决断,以实现整体决策的科学化。

第四,决策执行系统。决策执行系统在整体决策及其整体管理过程中,是一个决策的实践过程,是决策付诸实施、贯彻、落实、执行的过程。本系统是决策的意义与目标得以实现,也对决策正确与否进行验证,并为下一次决策提供实践依据。因此,我们讲决策执行系统在整体决策过程中具有基础的、重要的现实意义。决策执行是一个系统过程,它要把决策中的各项方针、政策落实到本地区、本部门、本单位的各环节中去,以统一各环节的行为,向目标的方向运转。决策执行系统要注重三个基本方面的任务:一是党和国家制定方针与政策;二是国家的法律、法规和决定;三是上级单位下达的发展战略、规划与计划。只有把这三者的具体内容同本地区、本部门、本单位的决策相结合,整体决策在执行过程中,才能产生整体效果。执行系统在具体执行决策过程中,要注意怎样去执行,如何去执行效果会更好,更能达到决策的预期目标,这是讲决策执行系统要注重执行的科学性、综合性、具体性与灵活性。决策的执行必须具体、明确,有理、有利、有节,讲求条理性和规范性。决策执行系统的领导要密切把握执行过程中,系统自身与周围环境条件的多变、多因果、多目的性,对每时每刻出现的新问题、新情况要善于因地制宜、因时制宜,采用不同的方式、方法,围绕目标的最终实现而去创造性地执行,只有真正灵活的执行决策,才有决策指令的真正贯彻。因此,我们讲决策执行系统在整体决策中是由理论向实践过渡、转化的中间环节,是对信息系统、研究咨询系统、决策集团系统工作的展开与深化,又是监督反馈系统工作的基础与依托。决策执行系统在整体管理中具有决定性的地位与十分重要的意义。决策执行系统要对决策如何执行有一个清晰的计划,即定任务、定程序、定人员、定标准、定时间、定奖罚,尽可能使执行过程达到整体优化。制定执行计划要坚持切实可行、留有余地、统筹安排的原则,切忌顾此失彼。决策执行系统除制定执行计划外,还要搞好组织工作,即建立一定的机构和人员配备,把执行计划转变为执行活动,因此,整体管理特别强调善于实际地进行组织工作,建立精干高效、胜任工作的机构与指挥人员,并赋予责任、权力和相适应的利益分配权,进行有效的协调指挥,将执行过程的各要素、各层次、各环节连接成一个有机的整体,制定必要的规章制度,使人、财、物得到合理的配置。决策执行系统在组织工作中,关键问题在于科学设立机构→配制指挥人员→责权利合理授权→制定合理法规,以保证执行工作落到实处。在决策执行系统中,还要做好宣传发动与思想政治工作,配备相应的物质条件与现代化管理手段。总之,决策执行系统在作好执行计划、组织工作、思想工作和物质准备的基础上,要在执行系统运转中,紧紧把握科学的指挥,整体的协调,运行过程的方向控制,执行结果的经验教训总结等环节,把决策活动落实到执行的实践过程中去。

第五,监督系统。监督系统是整体决策中不可缺少的重要环节,它起着保证决策方针在执行过程的有效贯彻和执行,并在权限范围内不断调整系统整体运行的方向,以保证决策目的的实现,这是整体管理的基本职能之一。所谓监督是指决策集团以及领导者根据决策目标和任务,对其下属各系统的运转所进行的检查与督促,为及时发现问题和调控所属系统在运转过程中偏离整体管理目标的行为采取的方法和措施。监督系统在整体管理和整体决策中起着使系统整体自组织、自催化、自我完善和自我发展的作用。监督在整体决策中,可以分为事前监督、事中监督、事后监督、经常监督和定期监督等类型,科学的监督有利于使整体管理获得整体效益。监督是实现控制的主要手段,它可以制约权力导致腐败,使人们的行为按一定的准则去活动。尤其是在经济体制改革过程中,发挥监督系统的积极作用,堵塞漏洞,防止腐败,查明违背党和国家政策的行为,并采取相应的措施加以制止和纠正。目前我们的监督系统还很不健全和很不完善,在建立社会主义商品经济新秩序的过程中,应当抓好这样几个方面的工作:一是理顺党的纪检部门、政府监察部门和各级法律监督部门之间的职权范围关系,加强监督系统建设,使之密切配合,互相支持。二是加强监督工作的法制建设,使监督系统的运转制度化、规范化、公开化,并做到有章可循,有法可依,形成规范,忠于职守,依法办事。这里特别强调指出的是监督系统的失控,就意味着整体管理和整体决策的失败与失真,因此要注意对监督系统自身的监督与建设,接受上级监督,加强横向制约监督,充分听取被监督单位的意见,完善监督举报、投诉制度,发挥社会舆论监督的作用。监督系统的工作做好了就能够增强党和政府的向心力和广大人民群众的责任感,各项工作就能得到群众的关心和支持,社会主义现代化建设就有了坚实的群众基础。

第六,反馈系统。本系统贯穿于整体管理和整体决策的不同环节和一切方面。反馈系统的灵敏、准确、及时全面的反馈信息,是整体管理科学化和现代化的前提条件,它是整体决策不可缺少的重要环节。整体管理论中所指的反馈系统是一个多层次、多网络、纵横交错、通达灵便,能够有效地、系统整体地收集和传输信息的系统,它是整体决策中的一个重要机构,它起着上情下达和下情上传的功能。我国现行的信息反馈体制有这样的特征,一是单通道,即执行机构又执行又反馈,决策指令下达和决策实施后信息反馈走一个渠道,没有专门信息反馈部门。二是单一化,即所有的信息反馈机构中只有党内的信息反馈对国家决策具有决定性意义,其他如政府、人大、社团、新闻、学术团体等反馈都要统一于党的反馈机构。这种单通道化的反馈机构有利于党的领导和政治上的高度集中。但这种信息运行体制也有很大的弊端,首先,层层传输信息,使信息量大大衰减,信息可靠性程度降低;其次,造成信息传递的灵敏度低和针对性差,层层汇报,级级反映,周转环节多,传递慢,基层一个重要信息传至决策层,往往成了"历史新闻";三是信息变形失真,报喜不报忧、弄虚作假、欺上瞒下;四是正反馈的失真信息都向决策目标取向偏离,依据这种偏离失真信息再进行二次决策,决策的结果与实际结果则越偏越大,循环往复,导致恶性循环。针对以上反馈机构的弊端,应建立多通道反馈系统,除建立健全党、政、法、群信息反馈系统外,还应建立非行政性专门信息反馈系统,如学术刊物、民办报纸、咨询研究机构等,来反馈和传输不同信息。反馈系统是一个十分复杂的系统工程,建立健全多通道信息反馈系统,应当和经济体制改革有机结合起来配套进行。

二、决策程序

整体决策的科学性是按一定程序制定决策来保证的,也就是讲,整体决策程序要明确先做什么,后做什么,遵照什么章法,按什么步骤,使人们的思维和行为沿目标取向规范化、条理化。决策程序在整体决策中构成一个重

要的组成部分,程序自身是一系统,构成程序的每个环节和层次,都是相互连接的有机整体。整体决策程序大致可分为以下几个层次:

第一,发现问题。发现问题是整体决策的首要环节,有了问题就要寻求解决问题的方法,就要进行谋略,针对问题确定决策目标,提出解决问题的途径。从一般意义上讲,整体决策的过程就是发现问题、分析问题和解决问题的过程,也是一个认识问题的过程,如问题的性质、问题的地位、问题的大小、问题的环境以及要解决该问题的时空条件等。问题本身有广狭之分,从广义上说,问题就是系统之间、系统内各要素之间的差异,差异构成问题。从狭义上说,问题就是矛盾,毛泽东说过,"我们要善于发现问题、分析问题、解决问题","问题就是矛盾"等。问题本身是由系统所处的实际状态与系统发展所期望状态的偏离度来构成的。发现问题的途径有的是在客观系统运转到一定程度暴露出问题,使领导者被迫去接受这种现实,这是由客观系统随机运转而产生的问题。有的是对客观系统运转及其结构是否合理提出质问,从而发现系统的现实状态与系统发展未来趋势结果之间有较大的差距或是偏离而产生的问题。有的是运用系统辩证思维通过网络渠道而反映出来的问题。整体决策要求现代领导者应当不断地总结经验教训,自觉地提出问题,发现问题。爱因斯坦曾经说过:"提出一个问题往往比解决一个问题更重要。因为解决问题也许仅是一个数学上或实验上的技能而已,而提出新问题,新的可能性,从新的角度去看旧的问题,却需要有创造性的想象力,而且标志着科学的真正进步。"对于整体决策来说,这句话也是很有道理的。

第二,确立目标。发现问题与分析问题之后,很重要的工作就是要研究如何解决问题,在发现问题与解决问题之间有一个客观的价值尺度,这个价值尺度实际上就是决策的目标取向。要解决问题,就要确立目标,然后围绕目标与客观环境去寻找解决问题的途径、手段与方法。依据一定的价值尺度确立目标,这是由于人们行为的本质是有意识的、有目的的,是以一定的价值尺度去衡量。决策活动很重要的特征就是要有目标的预先设计,依据确立的目标,再建立实现目标的手段和方法,手段与方法的运转又不断地牵动目标的不断调整,目标与手段相互作用,使系统整体以一定的方向运行,追求目标的最终实现。目标是人们在一定的环境和条件下期望达到的一种结果。不同的系统与系统所处的不同环境条件所达到的目标也是不同的。目标在整体决策过程中具有清晰的梯度层次性,如战略目标、长期目标、近期目标等。整体决策要求确立的目标一定要根据系统自身的现状、系统所处的外部环节条件、系统整体与外部环境相互作用的发展趋势,以及这种趋势下目标实现的可能性来确立。确立的目标要有层次性、鲜明性、可行性和感染性,也可分成不同的时期目标,不同的阶段目标。在决策中,要对目标的含义、意义作详细的说明,使其具体化,也可以对目标进行不同层次的分解,如整体目标、部门目标、具体单位目标、个人目标等,使目标落到实处,并使目标量化。决策目标要注意现实性和先进性结合起来,既要防止目标定的过高,条件又不具备,会挫伤群众的积极性;同时也要防止目标定得过低,使人、财、物不能合理配置,造成浪费,也会挫伤群众的积极性,由此可见,确立目标是决策是否科学的重要环节所在。

第三,拟定方案。目标确立之后,就要依据系统现状与目标的差距寻求实现决策目标的手段、途径和方法。在客观实际中,达到系统发展所期望的目标的手段、途径和方法,不是唯一的,而是有一因多果的可能性。在这诸多的可能性中,通过条件的比较,对手段、途径和方法进行筛选,寻找出整体优化方案的过程,就是拟定方案的过程。拟定方案往往是以多种方案为指导,这样才能比较出优化的方案。在一般情况下,拟定的方案中要有三种可行性方案:一是在平常情况条件下可实现的方案,这叫起码方案;二是在努力创造条件下可实现的方案,这叫基本方案;三是在努力创造条件并加上可能争取的内外部条件可实现的方案,这叫作奋斗方案。起码方案又属于过得去方案,基本方案又称满意方案,奋斗方案可称为最佳优化方案。在拟定方案中,要注意方案的不同条件。对不同条件的分析则成了拟定方案的基础和前提。决策目标的实现和问题的解决都依赖于特定的条件,因此,在拟定方案时,必须注重各种条件的系统分析和系统综合,把不同条件组合构想成不同的方案和措施。在条件中,要紧紧把握影响决策目标实现的必要条件;对预测结果作出评估;对拟定方案做具体的精细设计等。拟定方案工作是由研究咨询系统来完成的,决策集团的领导者主要对拟定过程作好组织、协调工作,为拟定决策方案提供各种支持。

第四,抉择方案。当拟定方案产生以后,紧接着就是由决策集团系统对各种方案进行抉择和选定,这是整体决策工作中非常关键的步骤。抉择方案要坚持对拟定方案的"综合分析,系统评价,择优选定,修定实施"的原则来进行。抉择方案就要对方案进行分析评估,这里有一个抉择标准问题:一是符合实际情况,能保证决策目标的实现;二是决策方案有利于更大的全局利益;三是注重整体效益,即经济、社会与环境效益于一体,国家、集体与个人利益于一体;四是各要素之间在时间、空间、规模、速度等方面能够协调发展;五是决策的选定要有一定的弹性、适应性和灵活性。也就是讲,当一个方案被选定时,它必须具备实践性、效益性、整体性和灵活性。抉择方案的过程实际上就是一个对拟定方案的评估过程,也是对实现方案主客观条件的再分析过程,它对于完善和修改方案提供了宝贵的具体意见,这些意见应在抉择方案中给予必要的修改与完善。对抉择方案要坚持集体决策原则,要广泛地听取各方面的意见,尤其是不同见解的意见,其中包括不同专家的意见。最后各方案的意见听到以后,主要领导者要敢于抉择,当断不断,必受其乱,这是决策者的一大忌。当然,决策者的经历、气质、能力、修养和价值观,以及决策者本人的随机好恶对决策来讲,都有重要的作用。因此,当一个重大决策被抉择时,要通过所在系统的民主讨论,几上几下,最后通过民主集中制来抉择,有的还要通过上级部门和不同形式的会议来抉择,以防止在重大问题上个人决策的失误。

第五,潜在问题分析。抉择方案以后,要分析研究在执行该方案时可能出现的问题,以及这些问题给系统运转结果带来什么影响与危害,并要准备应急的防范措施,以把潜在问题产生的可能性和危害性降到最低度。所谓潜在问题是隐藏在系统现状背后或深层次的各种差异,它会在系统运转过程中展现,而这种潜在问题的展现直接或间接影响决策结果的满意实现。因此说,对潜在问题的分析与研究是整体决策极为重要的内容之一。分析与研究潜在问题一般是以研究咨询系统为主来进行的,决策集团系统在抉择决策方案中,也要对潜在问题进行研究,对防止潜在问题产生的措施要作可行性的分析:总之要防患于未然。对潜在问题分析与研究应把握以下几个内容:决策方案可能产生哪些潜在问题,这些潜在问题对决策目标有哪些影响,产生潜在问题原因的可能性是什么,有哪些防范措施,可用什么样的应变措施,以及如何保证防范与应变措施的落实等等。当一个抉择方案产生以后,总是要伴随一些潜在问题,如何在整体决策中把握住这些潜在问题,则是一个科学的方法论问题。一般来讲,要发现潜在问题有这样几个方法:一是直接经验,研究咨询系统与决策集团系统的组成人员,由于有较长时间的实践经验,当一个方案出台后,能够根据自身的经验提出潜在问题的产生的可能性,其中包括科学的逻辑思维。二是模型预测,对设计与要抉择的决策方案,可通过数学模型进行仿真演示,去预测潜在问题产生的可能性大小与潜在问题产生后的因果关系。三是对潜在问题的危险性进行评估,判断潜在问题对决策目标影响度。四是制定防范措施。五是准备应急措施。防范措施是在决策方案执行设计时,就要把防范措施加进去一并考虑。应急措施是当潜在问题演变到难以防范时而采取的备用方案。在分析与研究潜在问题时,应急措施与防范措施是不同的,但在决策方案中,两者必须都要给予足够的重视。

以上内容是整体决策的基本程序,关于决策方案的实施、监督与反馈我们把这些内容放到整体决策的执行范畴,从广义上讲这些内容也属于整体决策的程序范畴。但在这里我们不再论述。

三、决策者的素质

整体决策从一般意义上讲,它是领导管理行为的一种选择活动。这个选择正确与否,取决于决策自身是否符合系统事物发展的规律。决策者怎样才能使决策符合系统事物发展规律,归根结底要取决于决策者的素质。这是因为决策本身是决策者知识、能力、智慧、经验、领导水平和决策艺术的综合应用,它是决策者素质的集中反映。所谓决策者的素质,是指决策者自身所拥有的知识、智慧、才能和品质等要素在决策过程中所起作用的大小,以及在限定时间内的状态。决策者的素质既有天赋成分,也有学习与实践的构成,我们要注重后者的构成。

决策者的素质内容有许多方面,但主要围绕整体决策过程中所必须坚持的实事求是、系统辩证思维、坚定性与灵活性原则以及所具有的政治素质、业务素质和心理素质等方面的要求。

第一,政治素质。决策者必须有坚定正确的政治方向,它包括要有坚定的党性原则,同党中央保持高度的一致,对人民的事业具有强烈的责任感和使命感。决策者必须坚持对马克思主义理论研究,学会运用马克思主义的系统的立场观点方法去观察、分析、处理问题,并从中国的实际出发,在实践中发展马克思主义。决策者要具有实事求是的精神,一切从实际出发,按客观规律办事,从整体角度去决策问题。决策者必须有严格遵守纪律的高度自觉性,在遵守党纪国法、规章制度中以身作则,率先示范,扶正压邪,造就业绩。决策者的政治素质就是要从党和人民的利益高度上去进行决策。

第二,业务素质。决策者对自己所负责范围内的业务必须精通,这是对决策者最基本的要求。精通业务既指精通自身所负责的各项业务,又指精通决策理论、程序与方法。只有业务精通,才能对决策进行正确的抉择。组织协调是业务素质不可缺少的部分。决策者要把信息——研究咨询——决策集团——执行机构——监督——反馈各系统的运转协调起来,关键是要具有卓越的组织协调人的能力和人际交往的能力,对不同的工作人员进行优化组合,建立工作关系,沟通思想,联系感情,平易近人,善与人和,做下属知音,才能得到下属的鼎力相助。在工作中敢于开拓新局面,取得新业绩,不畏风险,勇于负责。决策者要善于学习,博采众长,当机决断,还要有重贤惜才,识人善任,独立判断,兼听则明,不唯书、不唯上、不唯人、只唯实的科学态度。

第三,心理素质。心理素质是指在一个人身上体现出来的经常性的、稳定的、本质的个性。决策者要有良好的心理素质,那就必须要具有认识心理,即在把握情况时具有敏锐的观察力,准确的记忆力与整体的思维能力,只有具备良好的认识心理素质,才能对决策作出科学的判断。决策者还要具备良好的决策心理素质,只有具备良好的心理素质,才能做到决断准确,决策及时,执行果断,反馈敏感,监督严格。决策者还要具备良好的组织活动心理素质。决策者对决策进行决断后,很重要的任务就是组织和激励下属为决策目标而奋斗,这就是决策者的组织活动心理。决策者要善于组织力量,协调关系,并能够以自身的勤奋、认真、细致与创新精神鼓舞和激励下属。决策者要有健康的身体素质。一位决策者把以上素质全部具备是非常难的,这就要求决策者不断实践,虚心学习,逐步提高,使自己不断成熟和完善。

第三节　整体决策的必要性

随着改革的深化,成功与失败冲击着传统的决策方法,形势与任务迫使我们对传统的领导活动和行为进行反思,经验与教训要求我们研究现代领导科学的规律性。关于整体决策问题,正在引起越来越多的领导者、管理者、广大干部和群众的关注。这是因为整体决策在现代领导制度中,占据着首要的地位和重要的作用。

所谓现代领导方法,是指在马克思主义系统观的基础上,凡是适应我国现代化建设和改革的系统整体法、结构功能法、层次功能法以及包括现代社会科学和自然科学在内的一切科学的工作方法和决策方法。

一、整体决策的重要性

整体决策理论是现代领导方法中十分重要的内容之一,领导科学是系统研究现代领导的行为和活动及其规律的一门科学,现代领导方法包括领导者的思维方法和工作方法等。这些充分体现着领导者的世界观,对于领导的工作具有直接的影响。因此,研究整体决策,对于加速经济建设和深化改革具有十分重要的意义。

党的中心工作要求我们研究整体决策理论。党的十一届三中全会以后,党的工作中心转入社会主义现代化建设,十二大提出的社会主义物质文明和社会主义精神文明一起抓,十三大提出的社会主义要使经济建设转到依靠科技进步和提高劳动者素质的轨道上来。党的一系列重要的战略思想转移,要求我们围绕这一新的战略任务来完善过去那种搞群众运动,高度集中统一的传统的领导方法和决策方法。这是因为我们所面临的根本任务、政治结构、经济结构、文化结构乃至阶级力量的对比,都发生了根本的变化。在这一历史条件下,我们仍然沿用战争年代的领导方法和决策方法来管理现代经济,显然是很不适应的。新中国成立后,我们出现的失误,很重要的原因之一就是领导方法的失误,就是没有及时把战争年代传统的领导方式,完善为适应经济建设为中心的体系上来。所谓科学领导,是指综合系统事物发展规律的领导,是在认识和把握系统事物发展的客观规律基础上,正确地、充分地发挥领导者的能动和创造性的领导。进行现代化建设,就需要具有现代科学知识的领导者,就需要现代的领导方法。否则现代化建设就难以预期的速度前进,难以实现四个现代化。

社会主义初级阶段的根本任务要求我们要研究和把握现代决策方法。目前,我国正处在社会主义初级阶段,这个阶段的根本任务是发展生产力。同时要求从整体上提高全民的素质,在政治上、经济上、文化上实现现代化,从生产力的标准来看,人是生产力最活跃、最革命的因素,人的作用能否充分发挥出来,发挥得如何,除了生产关系作用外,很重要的原因就是人的素质。在这里现代的领导方法和决策方法对生产力的发展具有重要的导向作用。据现有的材料讲,中国现有的工厂企业生产效率,只有日本的1/10,关键在于缺乏现代领导方法和管理方法,如果方法正确,中国现有的生产力水平即可提高2—3倍,甚至5—10倍。这说明发展生产力就要提高科学管理水平,掌握现代领导方法和整体决策。否则,即使有了先进的生产设备而没有现代产业政策的制定与生产力要素的优化组合,也难以充分发挥其作用。

改革开放中出现的经验和教训也要求我们认真研究和把握现代的领导方法和整体决策方法,10 年改革的成就是巨大的,并且仅仅是一个开始,也是一个极好的开端,但存在的问题也是不少的。

经验与教训要求我们必须认真研究现代化领导方法和整体决策方法,在决策过程中把它民主化、科学化和制度化,改革开放的实践使我们对世界大量的现代科学、现代技术、现代管理增加了认识,开阔了眼界。同时,我们在改革开放工作中,也涌现出不少中国特色的现代领导方法和决策方法,这些都需要我们去学习、去总结、去检验,在实践中找出改革开放的特点和规律来,以提高我们领导的科学决策水平。

对现代领导方法和整体决策方法的研究,不是一种偶然现象,而带有历史的必然性,带有鲜明的时代特征。这可以从以下几个方面来说:

第一,现代化经济建设的客观规律要求改革传统的领导方式和决策方式。

现代化经济建设是在现代化大生产条件下进行的,它要求对在小生产条件下与之相适应的领导决策方式(经验方式)与个人决策进行改革。也就是说必须用决策的民主化、科学化、制度化去改革传统领导方式中的主观主义、唯意志论、独断专行的家长作风,代之以新的系统整体的调查研究、民主决策、层次领导的朝气蓬勃的现代领导作风。现代社会大生产不同于规模小、技术落后、信息量小的半封闭式的小生产系统。现代化大生产完全是一个每时每刻都在进行着大量物质、能量、信息交换的开放式的大生产系统。各生产单位都是这个生产系统整体中有机联系的要素。其特点是经济上一体化,生产上科技化,社会上信息化。生产、分配、交换、消费等各个环节,规模庞大、结构复杂、目标多样、功能综合等都超越了传统的决策方式。只靠领导者个人的知识和能力是难以办到的。只有靠现代的领导方式和整体决策方式才能组织和领导现代化经济建设。

我们党在长期革命战争和在社会主义建设中曾倡导的工作方法,都是行之有效的工作方法,至今仍然是我们应该继承的宝贵财富。但是,我们必须看到,党的十一届三中全会改革开放以后的情况更复杂、更深化了,仅仅运用传统的领导方法,显然是不够,必须运用系统辩证思想的基本原理来指导我们的领导工作。例如,"解剖麻雀"的领导方法,在社会化大生产中运用,就不难看出其局限性。"解剖麻雀"方法,首先,我们应当分清主体、实践、客体各自的情况。作为解剖者及主体是否具有现代化大生产的科技知识,是否具有"解剖麻雀"的实践经验,是否具有较为开放的思维方式。也就是说主体是否在整体优化方面具有现代领导者的素质,而这个主体是整体领导的代表。其次,"麻雀"及系统整体是否具有代表性,其结构是否合理,其功能是否完善,其层次是否健全,另外,实行解剖也是一个系统过程,有一个程序、时间、地点、结构、层次等科学方法问题。"解剖麻雀"的主体、客体假如有一个方面不尽合理,不尽科学,解剖的结果就会谬之千里。更何况传统的"解剖麻雀"方法,有时把活的变成死的,把动的变成静的,把局部变成全局的,并且不分主体、客体、实践的科学性、代表性和局限性。更不考虑主体、客体、实践与外部环境,与内在世界都存在着随机变化的动因和彼此之间的相互作用,因此,决策很难准确,更不能把决策推而广之。

过去,凭借个别典型事例,不作定量分析,就对重大问题作出决策的事例是很多的,如"大跃进"、"大炼钢铁"、"以阶级斗争为纲"、"以钢为纲"、"以粮为纲"等等,都有极其沉痛的教训。现代化经济建设要求现代化的领导,一方面要求领导者要具有现代科技知识、实践经验和科学的思维方法与工作方法;另一方面要靠领导成员集体的智慧和才能,即要依靠一大批各行各业的专家、各种专门决策研究班子,要依靠专门知识和信息以及实践反馈信息的综合系统,还要靠由领导、专家和群众建立起来的集体的、高效率的、合理优化的系统决策机构,其中,很重要的一点,就是领导者及其决策班子成员必须具备现代化的战略头脑,审时度势,通观全局,系统综合分析,勇于创新,敢于科学决策,并具有适应现代化生产的思维方法和工作方法,因此,研究与把握现代领导方法和整体决策方法,改革传统的领导方法和决策方法,是现代化生产的客观要求,也是我们吸取以往经验与教训的创新。

第二,现代科技发展的新趋势要求改革传统的领导方法和决策方法。

现代科技发展与社会进步,正在把自然科学和社会科学紧密结合起来,它们相互渗透、相互交叉、相互融合,边缘科学、交叉科学、综合科学应运而生,而领导科学的产生,是现代科技进步与社会发展的必然结果。尤其是当今世界新的科技革命浪潮和新的产业革命,正在深刻地改变着世界的面貌,用 21 世纪的眼光看世界未来,脑力劳动和体力劳动的差别、城乡之间的差别在某些地区或部门有可能消失,农业与工业的差别将会缩小,服务业、信息业和文化事业将要扩大,世界大战转向经济与科技大战,各国人民将在新的科学革命基础上,为了和平与发展重新联合起来。我们要面向世界,面向未来,未来的世界是智力科学的世界。现代科技的突飞猛进,要求我们的领导者必须改变传统的领导方法和决策方法,用现代领导方法和决策方法去从事现代化的建设事业,去适应未来的发展,我们的国家,我们的民族是否能自立于世界民族之林,是否会被开除球籍,将取决于我们的领导集团能否以现代的整体决策方法领导我们的国家和我们的民族,尽快实现四个现代化,使我们与世界先进水平的差距不是拉大,而是尽快缩小。

科技的发展出现两种趋势:各门科学技术的分支化和综合化,从科技的综合化和重要一体化来看,当今时代的各个科学领域,在内容上相互渗透,在方法上相互补充,在结构上相互论证,出现了各门科学技术的综合,形成了系统的科学体系,科技的发展为人类生存预示了广阔的前景,计算机的广泛应用将使整个生产设备和生产过程智能化。现代科技要求整体智能与整体决策。

第三,政治经济体制改革要求改革传统的领导方法。

我国政治体制上一个弊病,就是决策权力过分集中,领导制度不健全。因此,政治体制改革的一个重要方面,就是要充分发挥社会主义民主,真正实行领导决策的民主化、科学化和制度化,实行层次领导、层次决策和层次管理,达到整体智能和整体决策。

领导是一个系统,有其组成的要素、结构和功能。领导是分层次的,在不同的社会系统、社会结构、社会层次中,领导又构成不同的系统核、结构核和社会核。在古代,国家最高层次的社会核就是封建帝王,他个人领导决策国家的一切,这种领导,主要是依据帝王个人的才智和经验,个人的感情和好恶来进行的,这种帝王个人领导的落后性和局限性是极其明显的;在近代,由于资本主义的发展,知识和信息大量增加,问题也堆积如山,而且错综复杂,只凭借任何个人才智和经验是难以应付的,于是产生了各种知识的机构,不同学科的专家、学者、谋士组成的智囊,咨询机构,借助众人的大脑,以弥补领导者个人才智、经验和精力的不足,专家参与领导在世界上许多国家中,已经在相当广泛的程度上建立起一套领导的程序和法律制度。

在社会主义社会里,各级领导是群众的公仆,人民是国家的主人,领导与决策要民主化、科学化和制度化,以体现群众、集体和国家根本利益的一致性,在这方面我们是有经验的。但是,由于几千年来封建社会和小生产经济的影响;由于科技教育的落后和生产力的低下,由于法制不健全,以及干部的思维方法、工作方法还残留着落后的一面,体现出了它的局限性。1986年7月31日,万里同志在全国软科学研究工作座谈会上的讲话指出:"我们至今仍然没有建立起来一整套严格的决策制度和决策程序,没有完善的决策支持系统、咨询系统、评价系统、监督系统和反馈系统。决策的科学性无从检验,决策的失误难以受到及时有效的监控。直到今天,领导人凭经验拍脑袋决策的做法仍然司空见惯,畅通无阻。决策出了问题难以及时纠正,只有等到出了大问题才来事后堵漏洞,或者纠正决策的情况,现在到了非改不可的时候了。"

由此,我们说,研究领导者的领导方法和决策方法,实行决策的民主化、科学化、制度化,就能完善和巩固我国的社会主义制度,充分发扬亿万人民主人翁的责任感,充分发挥他们的积极性和创造性。决策的民主化和科学化是不可分割的,所谓决策的民主化,是指有科学含义、有科学的程序和科学的方法,即要广开思路和广开言路,要尊重知识、尊重人才、尊重人民的创造智慧、尊重实践经验,否则,就没有科学化。

随着政治体制改革的深化和经济建设的发展,有丰富经验的老干部遇到了新问题,一大批新走上领导岗位的有较高文化知识的年轻干部,又缺乏领导工作的知识和经验。《中共中央关于经济体制改革的决定》中有这样一段:"我们的同志在过去革命和建设中积累起来的正反两方面的丰富经验是十分宝贵的,但是在新时期的崭新任务面前,不论老中青干部,总的来说都缺乏现代化建设所需要的新知识,新经验都要重新认识自己,都要重新学习,那种老是停留在过去时代的经验上的态度,是不对的。"因此,我们应当提倡领导人与研究人员,有多方面专长的人,有实践的人,平等地、民主地经常交流思想、沟通信息、讨论问题,每个领导部门都应该有几个有胆有识的亲密朋友。特别要有几个敢于提出不同意见,敢于当面直言不讳的朋友,在封建时代,少数贤明帝王还能礼贤下士,结交几个密友,我们共产党员不是应该做得更好些吗? 在我们工作失误中,领导决策的失误是最大的失误。

政治经济体制的改革,要求我们的各级领导一定要推行现代领导方法,要在制定战略,拟定规划,确定政策,组织管理,使用干部等方面改革传统的领导方式,实行领导的民主化、科学化和制度化,以促进我们的事业发展。

二、整体决策的思维方法

思维方法在整体决策中占据着首要的地位,它是指决策者观察问题、分析问题、解决问题的角度和逻辑方法。决策的职能是决策者依据客观情况而进行的一切必要的逻辑活动,领导方法包括领导者头脑里的思维方法和决策方法,思维方法对于领导者的工作之所以非常重要,是因为思维是一切行为和活动的先导,左右着领导者的行为。领导者在思维方法上要紧紧地把握住现代思维方法的科研成果,运用系统辩证的思维方法去观察和处理问题。

人类的思维方法是一个历史范畴,它是随着生产力和科技进步而发展的,在我国现阶段,主要存在着三种模式的思维方法:传统的单值思维方法、传统的双值思维方法和系统辩证的思维方法,现代化经济建设和改革开放要求我们的领导决策者和管理者完善自己的思维方法,实现决策思维现代化和科学化。

(一)传统的单值思维方法

所谓传统的思维方法,是指具有历史特点的思维方法。传统的思维方法包括:单值思维方法、双值思维方法。这些思维方法,从历史的角度来分析,具有其产生的历史背景,在现实中都有其表现。

单值思维方法。这种思维方法,是长达两千多年封建社会遗留下来的那种封闭的、僵化的、全能的、自给自足的、适应小生产方式和个人经验专断的家长式的管理为特征的思维方法。例如:新权威主义论、君权论、神权论、夫权论、家长制论、官本位论等封建腐朽的思维方法。这种封建的思维方法,其本质是小农经济的、单值的、单元的思维方法。这种思维方法在经济工作上表现为"小而全"、"大而全"、"封闭的全能"、"万事不求人"等本位思维,在政治上的表现,就是"家长作风"、"独断专行"、"造神运动",实质上是帝王思维,一人说了算;在具体工作上的表现,就是事必躬亲,"一竿子插到底"这种方法,它作为一个检查反馈的方法是应该提倡的,但作为领导决策方法则不应倡导。在我国历史上,这种思维方法长期占据统治地位,致使我国封建社会走过了惊人的、稳定的、漫长的历史发展过程,严重地阻碍了生产力的发展,这种封建的思维方法是反科学的。

(二)双值思维方法

该思维方法可分两个时期,第一个时期,从鸦片战争到新民主主义革命期间,出现了与反帝、反封建、反官僚资本相适应的思维方法。例如,群众运动论、人民战争论、高度集中统一论。还有"一刀切"、"切一刀"等。这种思维方法抓住了半封建、半殖民地国家那种敌我对立、二元分明、斗争对象单一的特点。在当今复杂的经济建设中,这种二极的双值的、两分的思维方法仍然是我们许多同志考虑问题、分析问题的思维方法。我们必须看到这种思维方法在现实工作中,存在着很大的局限性,例如在经济工作中的群众运动,"开门红",搞"单项突破",喜欢"铺摊子"、求"高产值","一大二公","黑白观"等的思维方法。就不适应经济建设时期的客观规律。也就是说,由于对象与时代不同了,方法也应有所不同,不同时期要有不同的哲学,这是由哲学的时代性所决定的。

第二个时期,新中国成立后一直到党的十一届三中全会,甚至可以说到现在的改革开放时期,我们有的领导没有进行思维方法的完善和提高,仍然沿用新民主主义革命时期行之有效的"运动战"、"游击战"打一场人民战争的思维方法,来进行社会主义现代化经济建设,结果使我们的经济建设和改革开放产生不少失误。其特征是形象性、经验性、简单性、因果性、双值线性和低度可证伪性。

整体决策的思维方法,并不排斥传统的思维方法,而应在系统辩证论基本原则的基础上,对传统的思维方法赋予新的内容,在实践中予以坚持,尤其是毛泽东的从实际出发,调查研究,实事求是的方法;从群众中来、到群众中去的方法;实践第一的思维方法;"弹钢琴"、"全国一盘棋"、"抓两头带中间"等思维方法,应当同现代的思维方法有机结合起来,推广和坚持下去,更具有重要的现实意义。

(三)系统辩证的思维方法

系统辩证的思维方法,是指事物是一个由要素、结构、功能而组成的并每时每刻与外部环境进行物质、能量、信息交换的整体,一切系统事物和过程都有其自身的结构、层次转化和差异协同的规律在发展着。同时把认识主体、实践、客体系统地有机地联系起来进行思维的方法。因此,我们说系统辩证思维方法作了具体的丰富和发展,增添了新的多极的非线性的思维范畴和概念,因而给予人们的思维以新启迪。从这个意义上来说,系统辩证论对现代领导的思维方法,同马克思主义哲学一样具有世界观、认识论和方法论的意义。

系统辩证论与矛盾辩证法的关系,是方法论这个整体系统中两个不同层次的关系,矛盾辩证法是方法论、认识论和世界观的统一,而系统辩证论是在矛盾辩证法的基础上,汲取当代科学成果,尤其是系统理论的成果而发展起来的一种新的哲学体系。它也具有方法论、认识论和世界观的意义。但两者之间的关系不是矛盾的,而是相辅相成的,是不同层次的关系,是丰富和发展的关系。现代领导者应当从实际出发,用系统辩证论的基本原理来看待问题和解决问题,使我们的决策在改革开放中,更具有民主性和科学性。系统辩证的思维方法又对整体决策具有重要的指导意义。例如整体优化——信息控制——随机非线性——差异协同——系统开放等思维方法,只要我们在实际工作中,积极吸取现代科学所提供的先进思维,就能收到好的决策效果。

在社会主义经济建设和改革开放中,我们要注意生产者的主体性、等价交换性、供需平衡性、政策行为的规范性、经济增长的适度性;同时还要注意市场的完善性、信息的准确性、低通货膨胀率、低失业率;更重要的是在市场不完善、信息被扭曲、供需不平衡、非零通货膨胀率、非零失业率的动态的非平衡状况下,如何求解整体优化的决策,系统辩证的差异协同的思维方法和许多其他的思维方法,都要适应经济建设,适应改革开放,并能对时代性的问题作出科学的解答。

以上我们论述了传统的思维方法、系统辩证等的思维方法,而这些思维方法在我国不同地方不同程度地应用着,我们提供思维方法的这种结构层次性,应与领导所处环境的状况,政治、经济、文化等条件相适应,不能够简单地肯定与否定哪一种的思维方法。

我认为生产力发展的不平衡性,使生产力的结构呈现出多极的层次来。多层次结构的生产力要求我们的思维方法也要具有结构的多层次性,现代化大生产、大经济、高科技的研究、国家、部门、地区的宏观决策,提倡运用系统辩证的思维方法,一般的领导、管理者,也应提倡类似的思维方法,比较落后的农村、手工作坊、家庭等仍然沿用传统的家长式、经验式、父母官式的思维方法,这说明生产力水平、政治文化现状、意识形态的不同,就需要不同的思维方法,这些思维方法的层次性的状况,应根据政治的、经济的、文化的发展,来逐步推行现代的思维方法,在这里应当强调指出的是进行社会主义现代化建设和改革开放,必须运用系统辩证的思维方法,去决策改革与开放政策。现在,我们相当多的领导者们还没有完全理解先进的思维模式及其方法,这就不能不使我们的经济建设和改革开放出现失误,甚至是严重的失误。1978 年 12 月 22 日,党的十一届三中全会公报指出:"实现四个现代化,要求大幅度地提高生产力,也就必然要求多方面地改变同生产力发展不相适应的生产关系和上层建筑,改变一切不适应的管理方式、生活方式和思想方法。"

总之,思维方法不是具体的决策方法和工作方法,不能把它看成是可以死搬硬套的公式,它仍然是领导方法的一部分,是整体的一部分,我们必须把它同实践相结合,同千变万化的系统整体和外部环境相结合,加以灵活运用,以提高我们现代领导的水平,一切以条件、地点和时间为转移。

三、整体决策方法论

系统辩证论作为方法论,就是要求现代领导者用系统辩证的观点去观察问题和决策问题。系统辩证论的方法论的内容十分丰富,本身就是一个庞大的整体,依据世界观、认识论和方法论三者统一的原则,系统辩证论认为,世界的本质是物质的,物质世界是系统的,系统是由要素、结构、层次组成的,并通过物质、能量、信息交换,而形成有机联系的整体,系统物质世界是按固有规律不断发展变化的。用这样的世界观去观察问题、研究问题和决策问题、解决问题,就是整体决策的方法论。请详见《系统辩证论》一书。